气候经济学

影响全球 80% 经济活动的决定性因素

（德）Friedhelm Schwarz 著

郭晗聃 译

气象出版社
China Meteorological Press

图书在版编目(CIP)数据

气候经济学/郭晗聃编译. —北京：气象出版社，2012.8
ISBN 978-7-5029-5555-7

Ⅰ.①气… Ⅱ.①郭… Ⅲ.①气候变化-关系-世界经济-
研究 Ⅳ.①P467②F113

中国版本图书馆 CIP 数据核字(2012)第 203110 号
北京市版权局著作权合同登记：图字 01-2012-6177 号

气候经济学
QIHOU JINGJI XUE

出版发行：气象出版社
地　　址：北京市海淀区中关村南大街 46 号　**邮政编码：**100081
总 编 室：010-68407112　　　　　　**发 行 部：**010-68409198
网　　址：http://www.cmp.cma.gov.cn　**E-mail：**qxcbs@cma.gov.cn
责任编辑：张　斌　　　　　　　　　**终　　审：**章澄昌
封面设计：博雅思企划　　　　　　　**责任技编：**吴庭芳
责任校对：石　仁
印　　刷：北京中新伟业印刷有限公司
开　　本：889 mm×1194 mm　1/32　**印　　张：**7.25
字　　数：150 千字
版　　次：2012 年 8 月第 1 版　　　　**印　　次：**2012 年 8 月第 1 次印刷
定　　价：35.00 元

本书如存在文字不清、漏印以及缺页、倒页、脱页等，请与本社发行部联系调换。

前言：从天而降的启示

2004 年 12 月 26 日晚，世界惊醒了：相对于自然力，人类是多么渺小——由海底地震引发的数次海啸在孟加拉湾和印度洋沿岸 12 国海岸席卷而过，造成 27 万人死亡及数十亿美元的财产损失。大部分遇难者目睹了——原本壮丽的自然奇景在几分钟内转变为当代最严重的自然灾害。这一事件从根本上动摇了人类对于可控制并且能够预见自然变化的坚定信念。

自然灾害的成因有三种可能：极端气候状况、地震和火山爆发。由天气现象引发的自然灾害最为常见，尤其是热带风暴和强降雨，它们通常较易预测，因此，即使如洪水等灾害导致了巨大的财产损失，人员伤亡还是相对较小的。

至今地震仍无法或很难预测，但至少人们可以通过早期预警系统及时辨认是否是因地震而造成了海浪的形成，并通过预警将受害人数减至最少——前提是，这种系统真的存在。地震造成的损失大小不仅与震级和地形有关，也与房屋结构等事先的防护措施密切相关。

另一方面，与地震相反，火山爆发较好预测，所以虽然无法减少财产损失，却可以减少人员伤亡。但考虑火山爆发后的其他效应，如火山灰颗粒、气体释放至大气层的间接后果，以及因此给全球气候带来的影响，其造成的损失却是难以预计的。

大部分人完全没注意到，实际上地球与大气层一样不稳定。地球每天大约震动 3 000 次，平均每 30 秒，我们脚下星球上的某处就会震动一次。相比之下，人们更容易感知天气现象的影响。因此，对于研究天气并如何适应天气这一问题，尽管在历史上或多或少在认知程度和研究强度方面存在差异，但它却直接影响了人类的生活方式。

另一个可能引起全球自然灾害的威胁来自宇宙，一次大型陨石的撞击就可能摧毁地球上的所有生物。但这样的世界末日到来的可能性极小——研究人员预计在 10 万甚至 100 万年后才会发生。最近的两次撞击分别发生在 6 500 万和 2.51 亿年前，90％的生物因此灭绝。然而统计数据也显示，每 700 年海啸才会造访印度洋一次。因此，人们预防可能出现的自然灾害，单凭统计数据是靠不住的。

目　录

作为经济要素的天气：
经济与天气的关系

天气在当今全球五分之四的经济活动中起着决定性作用，这一点在金融分析师的核算、评估及预测过程中显得尤为重要。他们的任务是帮助投资人获得收益，并警告其免受可能的损失，因此他们会事无巨细地分析世界范围的经济事件，仅仅为了避免遗漏从而审查那些看起来似乎不会产生影响的因素，并将预测的误差率尽可能地减至最小。在此过程中，他们常常遇到的，正是我们每天都会面对、无法回避的问题——天气因素。

2002 年世界经济总额（即全球生产总值），为 31.484 万亿美元，1 万亿是 100 万个百万！31.484 万亿的五分之四，即与天气有关的经济活动总值为 25.187 万亿美元，相当于拥有 9.65 亿人口的高收入国家 2002 年全年的生产总值。

若将 31.484 万亿美元全球生产总值平均分配给 62 亿世界人口，则人均国民生产总值为 5 080 美元。这个值相差是巨大的，比如将世界上人均国民生产总值最高的国家——卢森堡，与最低的刚果民主共和国相比，就会明白这一点。

2002 年卢森堡的人均国民生产总值为 38 830 美元，而刚果民主共和国仅为 90 美元，巨大的两极分化显示了追求温饱与富裕生活间的差异。联系天气因素来说，今天，在世界上最贫困的国家，最普通的天气也能迅速威胁到人类的生存；而在世界上最富有的国家，如位列前三的卢森堡、瑞士和挪威，天气影响最多也就带来舒适度上的差异。尽管如此，在这些国家，天气仍是影响经济的重要因素。

经济：从温饱到富裕

起初，人们可能并未真正意识到天气的巨大影响力，但当我们了解了经济的范畴及其与天气的关联后，就能知道它的作用了。

换句话说，经济这一概念是指运用自然或人造资源，保障人类生存与安全，并促进人类发展，以满足其对物质与服务需求的所有设施与活动。

人类的需求可按优先顺序分为三个等级：

（1）凭借充足、干净的粮食与淡水、衣服和住所，保护人身安全，以保证人类的基本生存，免受暴力及自然的侵害；

（2）从最基本的个人卫生、污水处理，到受教育权，再到个人发展、拥有及保护个人财产的权利等基本需求的满足；

（3）更高级愿望的满足，其程度取决于社会发展程度。比如在某个社会中，拥有自行车就能满足其对机动性的需要，而在另一个社会，可以出国旅行这个需要才能得到满足。

2004 年 12 月东南亚的洪灾强烈地向世人表明，时至今日，人类生存的基础仍十分脆弱，在极短的时间内，它就能被摧毁殆尽。一场几分钟的海啸就可以让超过 200 万人无家可归、断水断粮，致使疾病和瘟疫肆虐，让我们一再认识到，满足对奢侈生活的需求在今日世界的经济活动中不过是细枝末节罢了。当然不会有人主动放弃舒适的生活，但东南亚的灾害却说明了一个不争的事实：那些看似受到保障的财物，在自然灾害的破坏下，会顷刻间化为乌有。突然间，发达国家的人们也开始反思，人类生存的基础到底有多稳定、有多安全？

海啸不仅出现在太平洋和印度洋，地中海和大西洋形成海啸的几率也不低。如果海啸造访美国东海岸，这将意味着什么？时至今日虽然这些场景只在电影中出现过，但突然之间，这些虚构的情节，看上去与出乎意料的事实却是如此惊人地相似！

下雨并不只是下雨

菲律宾南部的达沃市（Davao）一下雨，巨大沉重的雨滴拍击柏油路面的声音就像机关枪扫射一样。达沃市拥有 110 万人口，仅次于拥有 1 100 万人口的首都马尼拉，是菲律宾第二大城市。菲律宾人均国民生产总值为 1 030 美元，排名与摩洛哥、叙利亚相近，同属位列世界经济排名后三分之一的国家。

达沃气候稳定、湿润，全年平均气温在 27 摄氏度左右，月平均降水量 160 毫米。水分一蒸发，降水则更多，但这里的雨并不是我们所熟悉的那种轻落在树叶上的夏季毛毛雨，也不是清新、消暑的短时阵雨，而几乎都是热带大暴雨。

在这里，下雨时汽车的雨刮器来不及清除雨水，有人只好将车子停在路边，那些还在行驶的车，则加速通过路面上越积越大的水坑。一下雨，露天工作也无法进行。一些坡道上还有径流汇集，它们将面前的一切障碍物统统冲走。

豪华酒店边的小溪积满了棕黄色裹着泥土的雨水，汩汩涌向泻湖方向。胶布、废弃的绷带、一次性针管等也在洪流中清晰可见，想必是由于附近一家医院的垃圾桶被狂风掀翻所致。为了让酒店的外国客人在私人海滩免受垃圾的困扰，店方在远处围上了渔网。若是此时配电箱因渗水而停电，那这个区域至少还得再瘫痪好几个小时。

这并不是描述一场灾害的开端，而只是一个暴雨倾盆的下午。一场普普通通的降雨，就能把达沃市至少是暂时性地击垮，而要是在德国一个同等规模的城市，例如科隆（Köln），下雨则是完全不同的景象。

科隆月均降水量为 67 毫米，平均气温在 16 到 9.8 摄氏度之间。如果突然下雨，人们会跑到商店步行街、咖啡馆或商场避雨，甚至借此机会买些他们完全不需要的东西，反而有可能拉动了经济增长。

本来，在科隆，坏天气也不会发生得那么突然，让人措手不及，因为早晨的天气预报几乎总能准确地预报下午的天气。街上的水会流进马路边的雨水口，最糟糕的情形大概也就是鞋湿了，或者车座被雨淋湿了一点，如此而已。

自然灾害：哪个与经济相关，
天气还是气候？

近年来，自然灾害越来越多地引起公众注意，当然也是由于通过更现代化、更快捷的通讯方式和媒体的辅助，世界变得越来越小。但那些未被拍下，镜头画面很少的灾害，或是没有本国人遇难的灾害，却很难吸引公众的注意力，关注度也远不如有本国游客受害的相关事件。

暂且不看自然灾害引发的人间惨剧，这几年，自然灾害对经济所造成的影响越来越大，在世界范围内也可观察到直接的后果。例如，若干城市被洪水彻底毁坏，当地的保险和旅游业股价便会大跌，而建筑业和水泥工业的股票反会大涨。看上去这并不是什么好事，但却是事实。因此，像2004年这种大灾年，全球经济总额几乎没有受到任何影响。

在日常用语中，天气和气候的概念虽有特定用法，但通常没有明确的定义。天气是一种具有地域特征的、不断变化的现象；气候这一概念则指的是某种基本的、抽象的、全球性的东西，甚至在今天就能显露出对未来潜在的威胁。

人们可能会问，将气候与经济相联系，难道不更合适些吗？至少在公众论争中，不少人主张，天气与经济的关系是次要的，而气候与经济的关系才是更值得关注的焦点问题，对此人们迫切需要采取应对措施。温室效应、二氧化碳排放、京都议定书等概念构成了科学认识、政治诉求与经济利益之间的紧张关系。这里我们将优先讨论天气，因为气候变化不是通过数据，而是通过天气表现出来的。

天气是什么？

现今德语中的"天气"（Wetter）一词来源于古高地德语"Wetar"，意指风或刮风。如今我们定义天气为大气层低层（对流层）在某一特定时间、地点的物理状态。对流层的厚度与季节有关，也因此与太阳照射有关，在极地和赤道上方的对流层的厚度分别为 11 和 16 千米。我们用所谓的"天气要素"描述具体的天气，包括温度、气压、风、湿度、降水、云等。而"一段时间内的天气状况"（Witterung）表示的就不是状态了，而是一连串典型的、按季节顺序重复的天气现象的总称。

"气候"（Klima）的概念比"天气"或"天气状况"更复杂。这个词来源于希腊语"klinein"，意为倾斜，它指的是地轴相对于地球绕太阳公转轨道的倾斜。正是由于地轴的倾斜，南北半球的夏天才分别会受到较强的太阳照射，地球上才会形成不同的气候带。

气候是某个地点在较长的时间段内，至少 10 年、平均 30 年内，所观测到的气象现象的综合状况。因此气候不仅与大气变化有关，还与水体（即海洋），各大洲间的水循环和冰雪圈、生物圈、地球表土层以及岩石圈之间有着复杂的相互作用。

这几大圈层的反应时间极不相同。平流层，也就是大气层中决定天气的那部分，在几小时内便能适应地表条件的变化，而大洋则需要数百年才能对大气层的改变作出反应，像南极洲那样的大陆冰盖则需要上千年。

瑞士再保险公司（Swiss Re）认为，在气候变迁这一议题的框架内，严格区分天气和气候这两个概念是异常重要的。2002 年，他们出版了一本讨论气候变化机遇和风险的书，其中明确表达了公司的看法——天气和气候是两个有根本区别的概念。如前文所述，天气由现实现象组成，人们能够通过感官感知，至少一部分能够精确测量。相反，气候是一种"数学产物，并不是真实存在的"。气候可以说是天气现象的统计结果，是根据收集到的数据计算出的平均天气情况，因此预期的天气与气候之间也没有什么直接联系。气候并不决定天气，而是平均天气决定了气候。

以大气物理为主题的气象学研究的是天气过程的成因，传统气候学则是测量个别事件的空间与时间的分布情况，以

期得出结论。这些统计数据只能说明某种天气的可能性，既不能提前预知具体事件，也不能解释某事件发生的原因。由此，现代天气预报也并非基于数据观测，而是基于对物理关系间的理解，因为天气遵循自然机制而非统计数据。

原则上来说，农谚就是用押韵的诗歌表现出来的统计数据，而自然科学中的天气预报则以具体事件及其变化的观察为基础，并得出结论。瑞士再保险公司认为，清楚地认识统计学观测与因果关系两者之间质的差别，是很有必要的。因为现代气候学并没有说，气候已经改变，所以天气现象也跟着改变，而是相反的解释：大气层的化学状态有了改变，而导致了另一种天气现象，因此最终改变了气候。

气候条件与变化一直都会影响社会，进而影响经济，这一点，不论是现在还是未来都不会改变。至少说，在人类历史早期阶段，气候事件引起了一些改变，并带来了长达数百年的深远影响。想想受到北欧寒冷天气的影响而发生的民族大迁徙，或是维京人向格陵兰和冰岛的移民。这些事件之所以发生，正因为当时的平均气温比今天要高 1.5 摄氏度。

即使当代针对气候的争论都呼吁人们对气候变化赶快展开应对行动，但那些已实行或已搁置措施的具体成果，还是要等上五十或上百年才能显现出来。天气变化对经济和社会的改变是人们无法回避的，但人们能够按自己的方式去引导这些变化。

复杂的气候条件是常态

在德国，就像对其他日常事物一样，人们对天气的要求已经在心里形成了某种期待。如果汽车在早上无法发动、火车晚点、航班取消，或者转播足球赛的时候电视突然罢工了，这些都是我们口中平日里的差错，并不是常态。但对有些人而言，这甚至就已经是小型或中型的灾难了。同理，天气也会出现与我们预料不同的情况发生。

天气"到底"应该是怎样的，人们对此有些相当特定的标准化看法。在夏天、周末和节假日里应该阳光普照——当然了，特别是在复活节、圣灵降临节*和玫瑰星期一**（以上三个宗教节日在德国都是法定假日）。而在圣诞节嘛，就应该下雪，除夕夜（译者注：12月31日）就应该晴朗无风，这样才能更好地欣赏焰火。

当然，我们也都清楚，天气不会按人的意愿改变，但我们越来越多地把不符合我们期待的天气看成是偏离常态的天气，而不是常态本身。除去农场主、职业或业余的园艺师之外，很多人还是希望天不下雨为好，尤其是去度假时，特别

---

* Pfingsten，复活节后第 7 个星期日。

** Rosenmontag，复活节前 40 天大斋期前的星期一。

是去那些以晴天闻名的地方。只有冬天度假的时候，人们才期待另一形态的降水——下雪，但最好是在假期开始前下，之后呢，就拜托还是晴天吧。

完美假期或单单一个完美的周末，事实上都与天气有所关系，形成这种期待的原因，不只是因为在过去的几十年中，我们已经习惯了所有社会发展都很顺利，也更因为大自然并没有给我们带来特别极端或是特别意外的天气。

中欧的气候把人惯坏了

居住在中欧的人们被他们的气候宠坏了，实际上世界上很少有几个地区气候像这里这么舒适。可能不少人会驳斥这种说法，他们去度假的地方，像西班牙的马洛卡（Mallorca）、土耳其的蔚蓝海岸（Riviera*）、美国南部或是东南亚，气候条件可是更舒服啊。

当然，游客们是不会记得，这些想象中绝佳的气候风景地也有不美好的一面：西班牙和法国南部因大旱发生森林大火、佛罗里达飓风频发、东南亚则一再遭受洪水肆虐。

就算是吕内堡荒原（Lüneburger Heide）烧了一大片、一次飓风折损了整片森林，或是开春的洪水把科隆老城区的地下室都淹没了，德国的损失也比世界上其他地区小很多倍。

---

  * 里维埃拉，本指从意大利拉斯佩齐亚沿地中海到法国戛纳一带避寒游憩胜地，此处指土耳其海滨度假胜地安塔利亚（Antalya）。

大部分人把自己习惯的天气视为正常情况，气候学家也差不多，他们只是把一个时间序列中，偏离平均值很多的数值称作异常。所以，在我们看来某个天气已经很极端了，但在另个特定地区，可能却是稀松平常的；而我们觉得舒服的天气，对那儿的人来说一点儿也不寻常。天气常态也指人们所适应的那种天气形态。因纽特人（Inuit，又称爱斯基摩人）觉得正常的天气，肯定与澳洲的土著居民（Aborigine）的看法不同。如果极圈内，长日照天气增多的话，可能会带来旅游观光收入的增加，但又会引发那里终年结冰的地表融化，让居民的房屋陷入泥淖之中。对我们来说，暖和些的天气挺正常的，但在那儿居住的人们就不这么认为了，因为这威胁到了他们的生存。

为了了解世界上都有哪些正常的气候状态，首先应该简要了解世界上有哪些不同的气候。

由热带的雨和沙漠看出气候限制了文明的发展

造成气候多样性的原动力来自太阳。决定一地每年的日照小时数的原因很多，我们也许应该直接承认，德国每年不到 1 600 小时的日照水平与英国、爱尔兰、冰岛、北西伯利亚、加拿大北部和部分阿拉斯加地区，或者非洲、东南亚和南美洲北部的个别地区差不多。

单在法国北部，每年就能享受 1 600～2 400 小时不等的日照，比德国多；而法国南部则是 2 400～3 200 小时，与整

个地中海地区持平；西班牙比这一水平更高，每年有 3 200～4 000 小时日照，因此也更接近沙漠型气候，同样的气候还分布在北非大部分地区、澳大利亚内陆地区、南非西海岸、南美洲西海岸以及北美洲的中西部。

只有中撒哈拉地区拥有每年超过 4 000 小时的日照，那儿的年平均气温也在 30 摄氏度以上。世界上其他的赤道地区年平均气温在 20～30 多摄氏度之间，只有在温带，即欧洲、中亚、北美洲、南美洲南部和澳大利亚南部，平均气温在0～20 多摄氏度之间。

除了气温的高低之外，还需注意温差。年平均温差最大的地方是西伯利亚东北部和阿拉斯加，超过了 40 摄氏度。温差在 20～40 摄氏度之间的地方有中亚的其余地区、北美洲大部、撒哈拉中部。欧洲年平均温差则是 10～20 摄氏度。而在东南亚、中非和南美洲北部，几乎没有什么温差。

在降水和蒸发方面，降水及蒸发量极少的地区是北非的沙漠带、南非的西岸、南美洲的西岸、澳大利亚和中亚的荒漠地带。东南亚、非洲西岸和南美洲内陆每年则有超过 2 000 毫米的强降雨。世界上降雨量最多的地方是印度的乞拉朋齐（Cherrapunji），每年 6 月平均降水量达 2 922 毫米，即每平方米降水近 3 000 升。

按这种方式绘成的世界气候分布图看上去大概是这个样子的：地球上 20％的陆地被冰雪覆盖，人类无法居住；20％是贫瘠干旱的不毛之地；25％不是山峰陡峭、土壤缺乏，就是沼泽或洪水泛滥而不适合人类居住，剩下的只有地球上差不多陆地表面三分之一的区域才适合人类居住。

🐑 受危害的地区

看到地图上标记出的那些因自然环境影响而阻碍经济发展的地区后，人们很快就能认识到，地球上大部分地区相对来说住起来是非常不舒适的，特别是把气候和天气条件一并考虑进去的时候更是如此。

北美洲的东部沿海有个和世界上其他任何地区都不一样的地方：只有这里，才有一种特殊的、极端严重的冬季冰雪灾害性天气——暴风雪，即所谓的冰雪风暴（Blizzard），人们经常小觑了这种灾害的潜在威胁。1998年1月，一场冰风暴将加拿大东部大部分地区、美国东北部覆盖上了一层厚达几厘米的冰层，总损失超过10亿美元。时间上最长的一次冰风暴从1951年1月28日持续到2月4日，将新英格兰地区所有州直至得克萨斯州都覆上了冰层，最厚处达10厘米。

除了地震和火山喷发之外，归根结底，天气是引发自然灾害的根源。除南美洲，其他大洲上的河流总会造成沿岸地区的洪灾。此外，除了欧洲，世界上其他地区的大量耕地又都受到旱灾的威胁。

世界上危害最严重的自然力灾害就是风暴，这不但是从灾害发生的次数上，也是从灾区面积计算上得出的结论。风暴是指风速至少达到蒲福风级（Beaufort stärke）8级以上的

风，即时速超过 62 千米的风；飓风（Orkan）是指蒲福风级 12 级的风，时速达 118 千米。但风暴不仅是风暴这么简单，专家们还将其区分为热带气旋、非热带风暴等，如上文提到的冬季风暴、龙卷风、地区性风暴和季风风暴都属于风暴。

在大西洋和北太平洋面上形成的热带气旋被称为飓风（Hurrikan），在印度洋、澳大利亚附近洋面上形成的叫热带气旋（Zyklon），西北太平洋上形成的叫台风。热带气旋的危害特别大，一是因为受其影响的地区范围大，二是它们的时速能达到 250 甚至 300 千米，大大超过了普通的飓风。一般而言，这种旋风能够影响方圆直径范围达 100～200 千米的地区，若是发生在沿海地区或是岛屿上，造成的灾害还会更严重，因为这些地区不但会受到气流的影响，还会因风浪或火灾造成更大的损失。热带气旋的云中还裹携了大量的水汽，会给陆地地区带来暴雨，进而引发洪涝灾害。热带气旋在沿海地区造成的损害尤其巨大，但这些地区又有人口聚居愈发密集的趋势，前景堪忧。

风暴也不总是破坏，它也有积极的作用。它将雨云从海上吹回陆地，并给水体中补充了氧气。它传播了植物种子，甚至能将撒哈拉的矿物质传播到南美洲的热带雨林。以这种方式，每年有 50 亿吨的肥料借着它，在大气层中进行"长途旅行"。

漏斗状的龙卷风也许是世间最为知名的天气景观了。它是一种很小、威力却很大的风暴。龙卷风的"漏斗"平均宽度只有 100 米左右，长度通常也只有几千米，但人们已经观测到了 1 千米宽、300 千米长的龙卷风。龙卷风造成危害的部分是漏斗状的边缘，这里的风速可以达到每小时 500 千米以上。龙卷风主要出现在美国，大约每年平均要发生 1 000 起之多。在 1974 年 4 月，曾出现前后两天之内发生 93 次龙卷风的情况。它引起的破坏程度相差很多，因为漏斗中心的气压极低，打个比方，它可以使紧闭着门窗开着空调的房屋整个爆炸开来。

沿海地区不仅容易受到风暴的危害，也面临风暴造成的海啸的威胁。在这儿，不同的效应会同时出现，比如天文潮、低气压、表面波和因风的影响造成的水位升高等。如果它们一起出现，就像 1962 年汉堡的大水那样，现有的堤坝和防洪堤是完全抵挡不住的。今天，受到海啸威胁最严重的地区，是孟加拉湾、中国南部沿海、日本、还有墨西哥湾沿岸、美国东海岸和欧洲的北海沿岸。

如果人们在进行气候观测时，也将世界上疟蚊横行的地方一并考虑进来的话，即南美洲、亚洲、非洲的很多地区，特别是沿海一带，这些地方都是极不适合人类居住的。再考虑到某地气候是否滋养了蝗虫、白蚁等害虫，并促进了它们的传播这一方面，那也只有北欧和加拿大、美国边境地区是宜居的了。正是气候和天气影响造成的间接后果，给经济带来了巨大的负面影响，而我们这些居住在温带的人们却很少意识到这一点。

 天气的间接后果——疟疾和蝗虫

疟疾，也称间歇热，是由疟原虫这种微生物引起的，传播病原的是蚊属中的雌性疟蚊。在热带气候中，这种蚊子随处可见，特别是在泛滥的洪水、沼泽和平坦的岸边地带，这里为它们的繁殖提供了优良的条件。

全球有 3 亿～5 亿人感染疟疾，每年有 150 万～300 万人死于疟疾，其中 90％在非洲。50 年前，世界上的发达国家就已经消灭了疟疾，而这些年中，疟疾又转向了贫困国，并占这些国家所有死亡原因的 2.1％。

1956 年，世界卫生组织（WHO）启动了消灭疟疾计划，用杀虫剂 DDT 灭蚊，用氯喹有效地预防和治疗这种疾病。与此同时，很多国家也开始消灭沼泽区。起初，印度和斯里兰卡的消灭疟疾活动的进展是最为成功的。斯里兰卡 1963 年只有 20 起病例，而印度 50 年代的 3.6 亿人口中有 7 500 万起病例，1961 年这一数字降到了 5 万，而总人口数却增加了 4 000 万。

接下来的几年，DDT 的使用剧减。人们怀疑，这种杀虫剂对鸟类和其他野生动物，包括人类，都存在着巨大的潜在危害。因此，1972 年，美国和联邦德国开始禁止使用 DDT，自 1987 年起禁止生产。虽然尽管知名科学家认为，在消灭疟蚊的斗争中，DDT 是最有效的一种药剂，并证明了它对人类和动物的危害并不那么严重，但自 2004 年起，斯德哥尔摩公

约生效后，DDT 在世界范围内都禁止使用了。

自从 DDT 减少使用以来，同时因为灌溉项目的实施而产生了新的湿地，也因为居民移动迁居的频率升高，因此罹患疟疾的人数又出现了上升。1971 年，印度又有 130 万人染病，到 1977 年，在 5.35 亿总人口中已有 600 万的疟疾患者。

印度目前有 10 亿人口，其中包括 150 万的疟疾患者。每当印度、孟加拉或是斯里兰卡出现暴风雨灾害，随后洪水泛滥之时，感染疟疾的危险就会急剧上升。因此，这也成为国民经济的巨大负担，而且因为气候变化、全球变暖、人口流动性高，特别是可能存在着外国游客又把疟疾带回发达国家的危险。德国每年就有 10～15 人死于疟疾。

2003 年秋天，撒哈拉沙漠以南干旱地区（Sachel）下雨了。对当地人来说，这是上天的恩赐，可惜的是，这场雨又导致当地非洲沙漠蝗虫的大量繁殖。开始它们还只是在地上爬着寻找食物，当这些动物把当地的食物啃食殆尽时，它们的翅膀长出来了，于是它们成群结队，大约有 100 亿只蝗虫飞向了北非。

如果顺风，这些蝗虫每天可以飞过 200 千米的距离。2004 年末，北非经历了 15 年来最严重的蝗灾。强风将这些小动物继续送到了加纳利群岛的福尔特文图拉岛（Fuerteventura）和兰萨罗特岛（Lanzarote），有大约 2 亿只蝗虫在此停留，甚至在葡萄牙的沿海，人们也发现了非洲沙漠蝗虫的踪迹。

　　虽说可以借助杀虫药消灭蝗虫，但最有效的杀虫利器，还是天气变化。一旦雨停了，风向转为不利，蝗灾就会自生自灭。人们可以看出，根据因果关系的分析，天气对自然的影响更大，进而影响了人类，这比单看天气现象要有用得多。这尤其适用于对气候变化后果的探讨。

气候变化是事实

面对风险或危险，没有人能比保险公司作出更为专业、冷静和务实的决策。当 1994 年，瑞士再保险公司出版首部关于气候问题的专著《气候风险》时，对于气候是否确实改变和缘何改变的问题，业界还存有很多疑问。现今，全球气候变暖已经是众所周知的、不争的事实。气候已经改变——人们能够看到、感觉到，也能测量得到。对瑞士再保险公司而言，全球平均温度继续上升，不只是可能，而是非常有可能发生，因此他们同世界上其他再保险公司一样，早已开始致力于研究气候变化将会给全球社会和经济带来怎样的风险和契机。

瑞士再保险公司一再强调，气候只是平均天气情况的统计学描述，因此，气候风险意味着由平均天气因素造成的危害和损失可能会增加，然而，气候变化也包含了新的气候机遇，也就是说，由平均天气因素带来经济利润的增加同样是可能的。在保险行业，没人怀着赌博的心理，他们只能是数学家、科学家和商人，因此瑞士再保险公司（2002）相当冷静地预测：

只想获利的人，只能听命于偶然。想要有计划地使盈利大于损失，必须认真研究风险和机遇的问题，对于天气会带来怎样的损失和利润，以及如何使天气现象带来有利的影响等问题，也要有清楚的认识。[*]

只想努力一直保持盈利，这种人是目光短浅的，因为在全球化过程中，共同行为的后果也必须共同承担。所以，所有与气候有关的措施，它们目标应该是，在避免危害发生时，一方面，通过公正的责任均摊，找到让人感到公平的平衡点；另一方面，也需要共同承担损失。若世界上有独占鳌头的"赢家"时，另一个角落的"输家"也不用再默默全盘接受，独自承担气候变化的后果。

瑞士再保险公司明确认为，气候肯定会变化，因为决定天气的因素发生了变化，而且这些因素仍将继续改变。气候变化并不意味着天气灾害会增多，而是平均天气将会改变。这个假设不是基于气候统计数据得来的，而是以自然科学研究为基础，它是根据温室气体和地球热量收支计算间的因果关系而进行的假定。

从保险行业的观点看，气候变化与我们最为基本相关的两种不同的风险是：一种是完全因气候变化造成的结果，一种是人为因素对气候造成影响的特殊风险。我们必须用不同的策略来克服这两种不同的风险：气候的多样性可以用天气

---

[*]　Schweizerische Rückversicherungs-Gesellschaft, eds. 2002. Zürich: Chancen und Risiken der Klimaänderung.

防护措施应对，人类对气候的影响则通过气候的保护措施应对。其中天气防护措施指的是对经济和社会的所有调整性政策。

气候保护从属于政治议题，是各政府和联盟的职责。天气防护则可以通过经济、政治和科技体系自身对预期天气现象进行调整，从而得到广泛地推行。这其中重要的是，这些体系不仅需要停止关注一个已经过去的气候发展，也要对未来已知的变化，预测性地做出应对。如果人们只局限在疲于应对那些已经发生的变化，那么就会一直处于风险中；但如果人们对可能发生的变化，有预见性地调整上述体系，这样一来，人们才能处处看到契机。

此处提出的问题是——社会、经济和科技体系应该以什么为标准进行调整呢？又该在什么时间，怎样调整呢？当人们不再担心天气对一个地区造成的是积极还是消极的影响，对"正常天气"要变成"反常天气"不再存疑时，他们就不得不采取预防措施了。按照保险公司的观点，优秀的气候保护不能替代天气防护，一个有效的天气防护是气候保护的必要条件。在这两个风险复合体中存在着一种联系，而这种联系究竟有多大，如何体现出来，这才是当今气候问题的核心所在。

当前，我们考量自己是否对某现象做好了准备，已经不能再用"什么事何时会出现"的可能性作为标准了。无论如何，人们都必须对此做准备工作。当然，这儿也会再次出现一系列问题，如这个事件何时会发生？它会怎么发生？它的大小规模如何？保险业认为，解决这些问题的关键在于人们正确认识自身的关联性。瑞士再保险公司呼吁："我们也必须有针对性地寻找气候变化所隐藏着的间接影响。因为这些影响分属于不同的体系，因此，只有当事人才能认清它所带来的风险与机遇。"*

等待我们的将是什么？

在描述今后气候变化的文献中，2001 年，政府间气候变化专门委员会（Intergovernmental Panel of Climate Change，IPCC）的一份报告受到了政界、经济领域，甚至对气候变化持怀疑态度的人士的肯定，奠定了此项研究的科学基础。IPCC是 1988 年由世界气象组织（World Meteorological Organization，WMO）和联合国环境规划署（United Nations Environment Programme，UNEP）联合成立的，此后，在 1990，1995 和 2001 年，IPCC 发布了一系列报告，这些报告已成为气候研究的标准性著作。它从内容上涵盖了来自世界各地的几百位专家的研究成果，并对这些研究进行了评价和总结。以下就

---

* Schweizerische Rückversicherungs-Gesellschaft，eds. 2002. Zürich：Chancen und Risiken der Klimaänderung.

是 IPCC 指明的一些事实：

• 20 世纪，全球地表温度上升了 0.2 摄氏度，北半球地表温度的上升幅度超过了此前的几千年；

• 1990 年是 20 世纪全球最暖和的一年，2002 年是有天气记录以来最暖和的一年；

• 炎热天气的天数增加，寒冷天气的天数减少；

• 人为因素排放的温室气体二氧化碳、甲烷和一氧化二氮的浓度，在 20 世纪急剧上升；

• 自有天气记载以来，单是大气中二氧化碳的浓度就增长了 31%；与工业革命前相比，今天大气层中的二氧化碳排放量多了 1 500 亿吨。

• 每年二氧化碳量增加 3%，如果保持这个增长速度，到 2050 年，大气中的二氧化碳将达到 3 000 亿吨。

• 人为排放的二氧化碳主要是通过矿物燃料的燃烧产生，依照对未来发展的各种排放情景，2100 年地球气温将上升 1~3.5 摄氏度。

• 今后，由于温室气体排放得越来越多，气温会升高，海平面有可能上升。按基于不同原理的假说计算，到 2100 年，海平面将会升高 10~90 厘米不等。

基于以上事实，联邦德国政府建于 1992 年的独立性质的顾问委员会——联邦政府全球环境变化科学咨询委员会（Wissenschaftlicher Beirat der Bundesregierung Globale Umweltveränderung, WBGU）于 2003 年发布了一份题为《跳脱〈京都议定书〉的

思考——21世纪气候保护策略》的特别鉴定书，推导出以下现实生活中的发展趋势：

适度的平均温度升高，只要用水足够，一开始会使得中纬度地区农作物产量增产，但热带就完全不同了。此时，如果没有种植与原作物相应的转基因品种，热带地区就会因干旱和害虫的增加而减产。在短时间里，通过食品进口至少能避免大规模饥荒的出现。再一次介绍了一种由气候、天气决定的赢家和输家局面。

如果全球继续升温，温室气体含量达到能使气温比工业革命前高2～3摄氏度的数量级，那么由于气候变迁而受饥饿威胁的人数将超过5 000万。如果升温幅度超过3摄氏度的话，全球粮食作物都将减产。

气候变暖也将影响到人类可支配的饮用水量。尽管中等程度的全球变暖会增加总降水量，但却并不表示，发生更强的降雨，人类就有更多饮用水了，它反而会造成更多额外的损失。

今天，全球有超过10亿人饮水困难，这个数字可能将在2050年再增加5亿～30亿。联邦政府全球环境变化科学咨询委员会认为只有提前计划并加以实施，人类才能依靠海水淡化技术和管道长途运输走出困境。人类对淡水的可支配度，最终将视气温变化的多少及其变化速度而定。

气候变化对经济带来的最严重影响，首当其冲是海平面上升。现在人们仍持续地迁居至沿海地区，2080年左右就可能会发生灾难性的后果。如果海平面上升了 38 厘米，那么那时海啸的受害人数可能是今天的 5 倍。

就算采取额外的保护措施，受灾人数仍然将达到 1300 万～8800 万人。把传染病大幅蔓延引起的健康损失计算在内，受气候变化影响最严重的将仍是非洲和印度，

印度的农作物产量几乎全视季风带来的降雨量而定，若季风雨减少，气候变化的后果将是彻底的灾难。这种情况过去几年已经出现过几次了。

跳脱《京都议定书》的思考

上文描述的那些观点清楚地告诉我们，联邦政府全球环境变化科学咨询委员会的专家们认为，现在就跳脱《京都议定书》的框架进行思考，是非常合适的。持这种看法的人不在少数。德国联邦教育科研部（Bundesministerium für Bildung und Forschung，BMBF）也有不少专家指出，只是反复研究问题的起因与某个政治的应对方案，以阻止气候变迁，是远远不够的。

在联邦教育科研部一项名为《可持续性研究》的计划中，2004 年 11 月 2 日发表的一篇文章《气候保护与防护气候影响的研究》中提到：

现阶段，想实现这样的协议，并在不久之后获得成效，是困难重重的……但为了更好地应对气候的影响与天气极端状况，使之迅速地行之有效，现在手头上已有另一套可行且

必要的措施。它涉及：针对现在的气候，发展和实施卓有成效的调整政策，确定未来的发展方向，以避免或减少当前的损失，从而对今后采取预防措施。在过去的几年中，欧洲出现的几次极端天气状况及其影响充分说明，不论对发展中国家还是北方的发达国家来说，这些更有效的调整政策都非常重要。

报告还断言，若当前能在政策上优化调整气候和天气，就国民经济而言实在是关系重大。现在，越来越多的经济从业人员也意识到调整这一主题的重要性。德国联邦教育科研部的看法是——"一致认为"现在国民经济中的绝大部分直接或间接地依赖于气候和天气。框架条件的改变是"不能避免的，即使仍然遵循欧盟和联邦政府的气候保护目标"。

针对气候变化和极端天气，迅速施行合理的调整政策，这给德国经济带来了新的机遇，这也是由德国经济拥有鲜明的出口导向型特征所决定的。联邦教育科研部认为，在全球化进程中，与天气相关的过程对物流和运输显得尤为重要，因为目前对其的规划都立足于过去的天气数据，也许并未考虑到部分科学已经论证了的气候现象的变化，所以经济和社会以目前的管理方式运行并不足以应付未来的发展。

由此得出以下的结论：

1. 我们不能认定到目前为止对天气的经验会一直不变；

2. 气候变化是事实，经济上也必须考虑到这一点；

3. 气候保护和天气防护的调整措施，是两种必须实施的不同措施，它们之间有共同点，但不完全相同，两者不能混淆。

以上三点基本认识是所有天气—经济观察的基础。

我们应如何应对预测？

在许多公共讨论中，气候变化这一主题几乎都局限于两个问题上：气候变化是什么造成的？我们如何才能阻止气候变化？第一个问题的意思是，气候变化有个"肇事者"；第二个问题则假定，如果找到元凶，并且阻止他的行为，就能避免损失。这两个问题都忽视了一个事实，天气现象不是简单的、遵循线性的因果关系机制，而是一种高度复杂的体系的产物，这个体系中有很多不同的因素相互作用，某个因素发生一点点改变，就能对整个体系产生无法预见的影响。

为什么公众总是关心保护气候，而从不关心防护天气，即如何适应天气变化。笔者个人觉得，这是整个气候讨论的中心问题。为何会如此有意地坚持片面看法呢？显然，影响政治舆论的大人物们认为，民众可能不能理解这么复杂的关联。他们因此不再客观地描述问题的起因，否则可能会使已经计划好的政策失去立足点。因此，《京都议定书》也根本没有达到人们所预期的良好效果。

前文提到的两个问题的标准答案是：人类是气候变化的

罪魁祸首；人类也能通过减少排放二氧化碳，阻止气候变化。

赞同这两个命题的人显然是愤世嫉俗的，他们认为，主要是发达国家的工业和汽车驾驶人把我们引向了毁灭。持这种主张的人也准备好了问题正确的解决方法：大工业和消费者们必须改变他们的行为方式——这样一切就会恢复正常了。强势主导这场游戏的是那些政客们，如果我们听从他们的指示去做，他们就掌握了拯救我们未来的权力。

当然，我们也看到，有些高水平、有经验的科学家们虽然没有否定气候变化，但认为它只是一种广泛的自然现象，人类既不是罪魁祸首，也无法在变化的过程中起到决定性作用。他们的结论是：只要可行，经济上负担得起，就要保护气候，但加强调整措施也是必要的。今天大约有四分之一的科学家持有这种观点。

这种模式里没有人抱着偏激的想法，扮演改变气候角色的大自然也是中立的。可惜没有全能的救世主，甚至没有一种很好的提法，让这个问题适用于某个政党竞选项目，自然也很难找到政治同僚和支持者。支持这种论点的人，自然会被归类到"怀疑论者"的阵营中去了。所以有很多人明明非常了解此事，却故意不去赞同这个不受欢迎的观点。

乌里希·贝纳尔博士（Dr. Ulrich Berner）就是持气候变化是由自然原因引起的这种观点的人之一。他与阿尔弗里德—韦格纳极地与海洋研究院（Alfred-Wegener-Institut für Polar-und Meeresforschung）的冰川学家海因茨·米勒

（Heinz Miller）一样认为，迄今为止，科学界对不同的天气影响因素之间复杂的相互关系的理解，还远远不够。

地质学家乌里希·贝纳尔是汉诺威（Hannover）的德国联邦地球科学和自然资源研究所（Bundesanstalt für Geowissenschaften und Rohstoffe，BGR）气候部门的负责人。这一政府机构是德国经济部的下属单位，除了主要负责地震监测、开发新原料和能源，还负责研究气象史，以钻探冰层和岩层的方法精确测定过去的气候条件。

乌里希·贝纳尔认为，地球目前正处于一个冰期较温暖的阶段。对他来说，气候变化这一点是毋庸置疑的，据他对气候的了解，气候从不是稳定不变的。因此他预计，人类能像生活在900～1 100年气候条件绝佳的中世纪人一样，也能适应目前正在改变的气候。那段时期，欧洲风景如画，连英格兰都是兴盛的产酒区。

贝纳尔认为太阳活动是造成气候变化的原因，而非二氧化碳的排放。他指出，二氧化碳只占整个大气层的 0.03%，而人类活动排放出的二氧化碳只占全部二氧化碳释放量的1.2%，其余都是自然界中产生的，而且，人类活动制造的二氧化碳，绝大部分来自热带火耕地区，并非中欧先进的工业国家。

贝纳尔的研究表明，大气中二氧化碳的升高与气温曲线变化并不一致。1940年前的气温升高，与二氧化碳排放的增多完全没有关系。紧接着，50年代初又经历了一次气温下降

的过程，而此时的二氧化碳排放量还在增加。

根据贝纳尔的说法，气候改变的真正原因在于太阳黑子，它控制了地球上的天气变化，但其间的具体联系现在尚不明了。因此，贝纳尔觉得，科学界、经济领域和政界都只专注于温室气体，并企图以此阻止气候变化，是错误的。

因为我们目前还处于一个长期的太阳黑子活动的上升期，气温还将升高，只是尚无法预测，全球变暖还要持续多久。贝纳尔建议，人们应当采取预防措施，以应对因气温升高而造成的海平面上升，例如可以将居住在易受高水位威胁地区的人们迁居它处。他还将《京都议定书》视为保护矿物燃料存量的合理措施，在他看来，较易开采的石油储量越来越少，而更深海域的矿层不管是在技术上还是资金上，开采起来都会代价不菲。

哪些利害关系主导了科学的认知过程？

随着人们对气候变化这个主题研究的深入，以及上文提到的双方阵营的论据和论证方式的不断充实，人们也会越来越清楚地发现，此处讨论的问题并不只局限于科学上的一个未达成的共识。不管是认为气候变化源于人为因素，还是认为自然变化导致了气候变化，在双方阵营中都有些声音假定——对方有着不可告人的企图。

如果真是这样，那么新问题是，到底是哪种利害关系呢？举个例子，波茨坦气候影响研究院（Potsdam-Instituts für

Klimafolgenforschung，PIK）的知名撰稿人施戴芬·拉姆斯多夫（Stefan Rahmstorf），也是人为说的支持者之一，他认为，有些错误的观念是有人故意灌输给社会大众的*。支持这种说法的还有德国联邦环境局（Umweltbundesamt），它也在网上大力开展针对"怀疑论者"提出的问题和论据的论战，"怀疑论者"这个名字也是由他们提出的。

法兰克福大学（Johann Wolfgang Goethe-Universität Frankfurt am Main）气象与地质物理学院（Institut für Meteorologie und Geophysik）的克里斯蒂安-D·熊维泽教授（Prof. Christian-D Schönwiese）在一篇联邦环境局的网络文献中，非常细致地针对《2002 年气候怀疑论者年度报告》进行了批判研究。他在文章最后的注释里阐明了他的结论：

"《气候怀疑论者报告》按笔者观点缺乏基本的科学根据，相反的，它只是将已经被证实为错误的看法和论点结集成册，国际性组织（如 IPCC）都受到了不公正的污蔑。报告认为，2002 年是全球变暖受重视的时代的终结，气候保护措施，特别是目前的《京都议定书》，现在可谓是'科学上和政治上都已经死了'，报告的作者们无疑都患了脱离实际和自我膨胀的毛病。也许，这些都只是各个利益集团最后的反抗，不管出于什么样的原因，这些利益集团不能将气候保护措施纳入自己的理念。"**

---

* Financial Times Deutschland. 2005-10-01.

** www. umweltbundesamt. de/klimaschutz/Klimaskepsis-Bericht. htm.

当然，在熊维泽教授的简短表态中，他也彻底赞同："只要是被公认（通过相应的研究、在专业期刊上发表成果）的气候专家，他们虽然在细节问题上多有争论，但在根本的科学问题上，意见都是一致的。IPCC 报告……是以翔实、广泛的讨论为基础，涵盖各种不同的观点，由此而集结成的论文集是寻求共识的产物，它语言得体且谨慎，不确定的概念会被明确提出（尤其是在详细的报告中），而不会被刻意掩藏起来。"

人们现在可以看出，IPCC 出版的作品不仅有内容丰富的科技报告，也要为决策者做总结。这份 34 页的总结可比那份一千页左右的基础性报告简明多了，细节上的讨论和各种观点只能让政治家们头大，因此，这份总结言简意赅，符合决策者的需求，也完全没有科学家私下论证时常用的论据，以便政治家们能更好地将其转化为实际行动。

尽管如此，对人为因素是造成气候变化主要原因的观点持反对意见的人，自然会被认为有为能源经济利益服务的嫌疑，而人们普遍认定，能源产业期望尽可能长久地开采原油和煤矿，充分利用它们，并不考虑公众的福祉。

很明显，这其实是一些环保运动领袖和反全球化活动家一直精心维护的宣传口号。举例来说，英国石油集团（BP）早已对发展进行了重新定位，今天公司的绿、黄、白三色的标志上有一个太阳，BP 这一缩写也不再是英国石油（Britisch Petroleum）的翻译，而应译成"超越石油"（Beyond Petroleum）。

这段时间以来，英国石油俨然已成为全球太阳能电池板最大的制造商。

别的比如通用电气公司（General Electric，GE）这样的大型集团也在为未来准备——发展可再生能源。目前通用电气公司是世界上最先进的风力发电设备制造商之一，这一点可能公众都没有注意到。像例如莱茵集团（RWE）或意昂集团（E. on）这样的德国企业也在致力于可持续发展，投资环保能源，如计划中的北海和波罗地海上的近海风力发电机组（Off-shore-Windparks）等。

科学模型构想究竟有多可靠，如何与政治上期待的论点实现交叉，以下的例子便可说明。柏林洪堡大学（Homboldt-Universität zu Berlin）主攻环境经济学的克劳蒂娅·肯费尔特（Claudia Kemfert）教授，也是德国经济研究院（Deutsche Institut für Wirtschaftsforschung，DIW）能源、交通和环境科室的负责人。她于 2004 年 12 月 1 日发表的就职演讲就以《明天之后的五十年——我们在哪儿？亦或：气候变化的经济学影响》为题。

克劳蒂娅·肯费尔特开门见山地说："人类对自然气候的影响从未有过今日之势，因此环境变化，譬如温室气体排放的增加，成为了当今人类生活的一个重要组成部分。可以预期的是，由此会产生长期不可避免的对生命自然基础的破坏。"*

---

* Wochenbericht des DIW Berlin. 2004(42).

肯费尔特认为，自然灾害的数量和强度都将上升，例如由强降雨导致的山洪暴发次数、持续高温天气日数的长度和风暴的强度将继续上升。如今，世界上就已经有些地区受到了更强烈的气候变化的影响，未来这种情形还将持续。北美洲的风暴和龙卷风将更猛烈，而亚洲还将发生更多的以洪涝为主的天气灾害。欧洲也不能幸免，未来除了极端的持续高温天气和洪水外，还有可能发生龙卷风或飓风等强风暴。

克劳蒂娅·肯费尔特还认为，继 2002 年由慕尼黑再保险公司（Müchner Rück）估算出的达 550 亿美元的全球灾害损失后，这一数字还将再创新高。至 2050 年，损失数额将是 2002 年的 10 倍，即达到 6 000 亿美元。根据她发明的全球模式 WIAGEM（一个详尽的经济贸易模式与气候模式的组合体）可以计算出气候变迁的经济影响。此模式可以模拟在百年的时间范围内，非洲、亚洲、欧洲、日本、拉丁美洲、中东和美国这些地区的国民经济事件。

用这个组合模式便可以对气温和海平面的变化对国民经济的影响进行量化。对矿物燃料市场及其可能的替代品可再生能源的市场进行详细刻画，让评估能源系统的变化成为可能。此外，国民经济的损失也整合了极端气候事件出现前后的因素：人们健康状况变化、生态系统变化，以及对不同气候损失的支出状况。这样人们才能够对由气候变化造成的经济损失进行详尽的评估。

除了对能源制造业、农业和工业的直接经济影响，这里还将额外考虑气候变化对生态的影响，比如森林大火发生频率的增加，或是生物种类的减少等，以及从健康—经济方面进行分析，例如疾病和死亡人数的变化。

肯费尔特认为，如果气温上升 1 摄氏度，那么在 50 年时间范围内，全球损失将达到 214 万亿美元，这一损失额是由相关的对未来发展的假设估算的，带有很大的不确定性。因此，损失额在乐观估计下会小很多，在悲观视角下却能达到此数字的两倍。仅 2050 年一年，世界范围内的损失就能达到 2 万亿美元。按肯费尔特的观点，到那时，在国民经济的范畴内会出现其他方面的资金短缺，这会影响经济发展速度，造成社会福利损失增加。

克劳蒂娅·肯费尔特与其他气候专家看法一致，都认为必须大大降低温室气体的排放量，以延缓甚至阻止气候变化，也就是说，到 2010 年，温室气体必须减排 60%～80%。IPCC 估计，要实现如此高强度的减排，至 2010 年全球需花费 10 万亿美元左右。从这里可以看出，虽然人们一直呼吁要减少排放量，但是没有人知道应该怎么做，经费又从哪里来。

因为温室气体在大气中不易清除，所以主要排放国应该尽快实现大规模减排。这些国家包括产生了全球大部分温室气体的美国，其次是中国、欧洲、俄罗斯和日本。按照《京都议定书》，全部发达国家所应减少的排放量只占全球总排放量的 5.2%，而按克劳蒂娅·肯费尔特不同的模式模拟不同的情况的结果，如果只按要求减少二氧化碳的排放量实行减

排措施，从 2008—2012 年因减排而产生的成本将达 7 300 亿欧元。若对所有温室气体实行减排措施，那么这一成本还将减少。

能研究出这样一套复杂的模式，通过它将气候学和经济学相关联，原则上我们应该对这种科学成就致以崇高的敬意，虽说它存在一个可容许的不确定范围，预测得正确与否还有待未来的验证，但这种模式让我们明确了——自然科学、经济学和社会学，还有政治之间有着怎样的联系——这一点非常重要。这些不同的领域中的某些部分彼此之间联系特别紧密，某些个别元素基本上、甚至完全不能作单独的分析。德国联邦教育科研部在它 2003 年整理的名为《气候变化的挑战》中，也确认了这一点。

原文中提到："科学地对待全球范围内的统计数据，特别是对'全球平均气温'的统计值正在改变的认识，在公众论争中有象征性意义。因为气候变化本身被看成了一件'坏事'，这足以证明，它处处存在。另一方面，'全球平均气温'这个数值对生态系统、社会和经济都不具备重要影响，因为气候影响是局地的，或者说是区域性的。"因此，重要的是天气，而非抽象的数据。

很明显，人们在这里并不希望气候变化被过度渲染，而且认为，科学知识工具化的危险在于它带有社会政治目的，因为文中还提到："科学已经不再是社会中最重要的顾问，科学论证也不再是科学家脑中唯一有影响力的东西了。研究气候也因此成为社会进程，而且在一个民主社会体系中，在分析协商过程和其所产生的动力时，也会考虑到既有意见和社会文化影响下人们的认识。"

这就清楚地意味着，也有这样的科学家，他们利用掌握的知识，按照自己好恶，以达到实现个人观点的目的。除此以外，从德国联邦教育科研部的报告中也能读出，在未来不仅要对这些科学家，还要严密审视所有的科学家，以及参与形成意见的人，以确定什么是意见，什么是事实。从在美国发生厄尔尼诺现象的例子可以看出，先入为主的观点可能会严重地混淆事实真相。

厄尔尼诺现象促进经济发展

厄尔尼诺现象（El Niño，又称圣婴现象），是一股东太平洋热带地区的暖洋流，大约每四年就会在圣诞节期间带来异常天气现象。

在 1997 和 1998 年之交，厄尔尼诺现象再次发生时，美国人尤为强烈地意识到了天气和全球性的气候是相互联系的。在 1998 年初，几乎每一条天气报告中都会提到厄尔尼诺现象带来的影响，整个美国这一年都在为这件气候大事做准备。美国媒体还添油加醋地煽动大众对这一可怕天气的恐惧心理，称这一天气将于 1998 年向整个美国发动袭击。

那时也确实有现象表明，灾害将会接踵而至，专家也说，这次厄尔尼诺现象是有史以来最强的一次，旧金山将会经历

自 1897 年以来最潮湿的冬天，风暴和泥石流将会给加利福尼亚州带来超过 3 亿美元的损失，除以之外，还会引发十起死亡事件。在佛罗里达州将有超过 300 座房屋被摧毁，一连串强烈的龙卷风将会造成超过 30 人死亡。美国国家气象局（National Weather Service）的气象专家斯各特·斯普拉特（Scott Spratt）认为，所有的一切都将表明，对于佛罗里达州而言，厄尔尼诺现象非常危险。

照这么说，厄尔尼诺现象还将会给美国带来严重的后果。它破坏了 1998 年的旅游业，引发了过敏反应，在几个地区还融化了滑雪道，而在另一些地区却带来了强降雪，甚至总共造成了 22 人死亡。厄尔尼诺几个字时不时地占据了各大报刊的头版头条，在《时代周刊》中就曾这样说道："美国东部和中北部的大部分地区经历了几年来最温暖的冬天，华盛顿地区甚至在新年一月的第一周就有樱桃树开花。"

这些号称厄尔尼诺现象带来的可怕后果先是出现在媒体上，然后进入了民众的意识，但却从未出现在现实生活中，一年后《美国气象学会会刊》（Bulletin of the American Meteorological Society）才得以证实这个事实：厄尔尼诺现象带来的损失和收益其实是正好相互抵消的。

在损失方面，有加利福尼亚州的风暴、农产品的损失、国家救援的开销、龙卷风所造成的经济和生命损失；而相反在收益方面，则因为暖冬，暖气费用减少，因为严寒天气而带来人员伤亡的减少。有人算出，在美国这一年里冻死的人数比往年的平均值减少了 850 人之多。新月和满月时大潮的减少，因此损失也变小了；道路、空中交通的花费也明显有了节余。此外，1998 年的大西洋气旋也比往年要少。

从总结算表上可以看出，这一年美国的损失价值为 40 亿美元，而收益却是 190 亿美元，但在 1999 年，美国已经无人再对此感兴趣了。

对天气的不同响应

天气的意义和作用及其对经济的促进，可以归结于以下几个方面：

◇ 生活中普遍存在的组成部分、普遍意义上的天气；

◇ 做任何事都不受到天气影响的愿望；

◇ 为了避免或减少直接或间接的天气危害而采取的预防性措施；

◇ 解决和防御天气问题；

◇ 对天气可测性、可预见性的愿望；

◇ 对天气所可能带来的风险的保障策略；

◇ 消除因天气原因造成的损失；

◇ 预防气候变化带来的损失；

◇ 能够影响天气的夙愿。

天气拉动经济

天气无疑是保障经济景气最重要的因素之一。天气不仅对粮食的供给起着决定性作用，也决定了人类满足其他基本需求的方式。

例如，不管是日照、雨、雪，还是风，至今还没有哪一种人类文化是完全放弃寻求保护，不去考虑天气的影响。起初，大到房屋的建造、结构，小到诸多细节只是为了达到这个目的：无论是可以容纳一个小城市甚至一个中型城市人口的高层楼房和建筑群，抑或南太平洋上的教堂中厅，还是游牧民族各式各样的帐篷；无论是爱斯基摩人的圆顶冰屋，还是最简单的、为暂时免受日晒雨淋而用树枝和树叶搭成的小屋。

作为生活中普遍存在的组成部分——天气，也能决定我们上班是骑自行车、搭乘公共交通工具还是开车去。而且因为人们的行为方式对天气的反应相当一致，下雨的时候上班路上遇到堵车也就不足为奇了。我们日常生活中的决定都受天气的影响。天热的时候，相对逛街，人们更喜欢去露天游泳池游泳；下雨天，人们喜欢舒舒服服地呆在家里，而不是去动物园闲逛。

天气也常常启发人类的创造发明。谁会知道，人类是先发明的太阳伞，然后才发明了雨伞，而且还是由亚洲人发明出来的？最早伞是一个政权统治的象征，然后在16世纪的意大利才成为一种挡雨的日用品。早先，太阳伞是由一个仆人为他的统治者撑着，因此，开始它可以容纳好几个人，而单人用的雨伞在18世纪才真正流行开来。此时，雨伞的支架还是由鲸须做成的，直到1852年英国人才发明了钢制的伞骨，1928年，第一把可折叠放入包中的雨伞申请了专利。通过这

些例子，人们可以看出，随着时间的推进，人们对天气的想法是怎样转变的：从太阳伞到雨伞，从多人伞到单人伞，从单人的手杖式雨伞到随时可以派上用场的折叠伞。

人类的梦想能不受天气影响

长久以来，能够不受天气影响的愿望不断激发着人类的想象力。从衣服开始，它最大的作用是保暖，但有时也作降温和避免日晒之用，到飞机上最先进的气象雷达设备，它能够确保飞机在不利的天气条件下也能安全起降。

但这个愿望却很难达成：除了看天吃饭的农业外，还有航空、航海运输业、渔业，以及很多再加工工业，尤其是食品加工业，也都在某种程度上容易受到天气影响。

特别是在极端或者异常天气情况下，我们能特别清楚地感觉到天气对人类的支配力。如果路面突然结冰，意外事故的数量就会急速增加，特别是在大城市，救护车很快就能把医院塞满，甚至超过它的容纳能力。还有，如果强风把树吹倒，压到电车的架空轨线，不只轨道交通会瘫痪，还会到处发生晚点的情况，本来应该准时到达的人们便会迟到。天气干扰的影响通常像是滚雪球，会由一件事引发一连串的连锁反应。

一直以来，人们早就在研究天气引发的直接、间接的危险，以试图减少自身的风险。不管是北海沿岸沼泽岛（Hallig）上的人们将房屋建在人工堆积的土丘上，以避免潮水侵袭，还是建防洪堤，或者最简单的，在冬季为防止车子打滑而换上防滑轮胎等，天气总是人类行动的直接原因。

当然了，天气也不仅仅只给人类带来威胁和风险。基本上，天气引发的问题都可以克服。下雨了，就需要排水系统；天太热，就需要空调降低室温以便更好工作。

让天气变得可以预知

很多经济活动尽管不是由天气直接促成的，但是从结果来看，或仅在实现过程中，都或多或少地受到了天气正面或负面的影响，这可以总结成"天气敏感度"，它的作用不可小觑。在一些领域，可以明显感受到天气骤变对其造成的间接影响：比如夏天靠水或啤酒的消费而获利的饮料生意，因阴雨绵绵的夏天而受到损失的花园式露天酒馆，必须遵守交付期限的建筑行业等。对所有这些经济活动来说，天气预报非常重要。

在这里，人们越来越希望能拥有更具针对性的、针对某个特定位置提供的天气信息，如农业气象，除了下不下雨之外，农场主还期望能够获知什么时候下雨、下多少雨、夜霜几点降、地面温度大概多少度的此类信息。因此，气象服务努力的方向是，尽可能地将提供的信息更细分、更专门化。

在城市的规划阶段，也会咨询气象学家和气候研究者们的意见，以便预知某个建筑形式会造成什么样的后果。很久以来，大家早已知道，城市和城郊相比，气候是不同的，但

是这会带来什么影响，甚至这种情况是如何产生的，在很多方面我们还不能解释。统计数据证实，在连续高温天气里，城市的死亡人数更多。现在更需要的是，能够预知天气的变化，不只针对那些高危险人群提出预警，还能够采取合适的应对措施。

在天气和经济的关联性上，还有另一个完全不同的权衡观点，即风险及其避险策略。天气会造成销售额或收成减少，但也会造成具体的、保险公司需要赔付的损失，根据损失的规模，有的是由国家来承担，而在国际援助措施范围内，还可能需要所有国家共同承担。

对保险公司来说，它们非常需要所有合伙人共同努力，将天气造成的损失的增长控制在最小值。因为总有一天，保险人会无法再承担已经存在的风险，因此，光靠提高保费的做法是不可取的，还必须要提前采取有目标的、对灾害的预防措施。

灾区重建工作促进经济发展

在天气造成的损失中，应该明确区分物质损失和生命损失。必须尽一切手段与妨害健康、或者造成长期损害、甚至人员死亡的事件进行抗争。没有什么能比得上一条人命的价值，因此，确保受威胁地区的安全，或者在存有疑虑时直接撤离该地区，都是非常重要的。

然而，不管是气旋、海啸、雪灾还是干旱造成的物质损失，永远给人以重新投资、重建家园的理由，在这种情况下，作为肇事者的天气也同时能为经济发展带来动力，这样看来，就没有挖苦的意思了。

不管怎么说，投资灾区的前提是——受灾国和全世界都要有足够强大的意愿，尤其要有不可缺少的资源供给。过去和现在，人们团结、努力、有效地灾后重建家园的场面，总是那么令人震撼。有目共睹的是，所有的力量和行为方式都被动员起来，并不因外在的挑战而懈怠。

预防气候变化造成的损失

预防未来可能的气候损失这一政治经济目标，至少是在高度发达的工业国已经被证实是一个异常重要的、能够取得新经济主动权的因素，而寻找可替代矿物燃料的物质，只是其中的一个方面，通过更有效率的工具节省能源、建造隔热性能更好的房屋、研究出热效率更高的内燃机是另一个方面。此外，在发电厂安装过滤设备，寻找新的、生产和消耗过程中不释放有害物质的原料，也都属于这个范畴。

在未来，不仅要保护气候，也要预防与气候变化有关的天气变化。对此，经济里的很多新领域还可以通过发展创新产品、建筑及各项安全措施，而产生获利的契机。

从古代起，人类就一直期望可以随心所欲地操纵天气，比如把云移到别处、或者造些云出来让某个地方下雨。这个愿望的实现看起来还很渺茫，因为气候研究对大范围的联系认识得越多，反而让我们越了解如今自身对地球的认识是多么肤浅。虽然现在已经有一些技术可以让我们有限地控制局域的某些天气状况，但是如今还并不清楚，它会带来哪些后果和破坏。

 天气对人的影响程度在增加

大部分人都认为，社会越文明、科技越发达，天气的影响、人类对天气的依赖程度及其风险都会降低。这是一个误解。正是由于城市稠密地区的人口越来越多、区域越来越大，人口总数一直不断上升，科技的现代化，也由于全球社会、国际依存关系的复杂性，在所有影响因素中，气候不是在过去，而是在未来的影响最大。

虽然人们已经对此进行了很多讨论和分析，总体上，对天气和经济的联系这一问题，我们迄今为止只有一个非常不准确的概念。这其中的联系是多种多样的，也是复杂的，范围也大得无法轻易掌握。但这两个完全不同的科学领域目前正在开始合作，以清楚说明这两个原来被视为毫不相干的独立现象之间的联系。结果发现，天气与经济之间确实有几种令人意想不到的联系。

瑞士再保险公司在他们的一份关于气候变化的契机与风险的报告中，悉心地列出了所有对经济和社会产生影响的天气现象，并将各个所谓的系统参数总和与这些现象做了对比。

以下就是那些影响经济和社会的天气现象：

气温、空气湿度、气压、能见度（雾）、降水（雨、雪、冰雹）、积雪厚度、河川流量、干旱期、汛期、高气压状况、低气压状况、天气骤变、风速、风的行进路线和闪电频率。

这些现象影响下列经济和社会要素：

舒适度、工作效率、创造力、预期寿命、土地肥沃程度、结算结余、产量、利益、需求、销路、营业额、接待人数、准时性、可靠度、质量、耐用度、负荷能力、不良率、偶发事件、取消、意外事故、损失、生病频率和死亡率。

众所周知，天气会影响对某些产品的需求，同时需求减少也会让一个企业减少产品产量。在物流业，准时性和可靠性也容易受到天气的影响，同样，在下雨天，露天休闲场所的人流量也会下降。

但是天气也会影响到创造力，这点可能会有很多人不解，可是我们必须考虑到，这些系统参数不仅针对欧洲，它们与世界上其他地方的土地肥沃程度、得病频率和预期寿命间的联系更加密切。说到耐用度这个概念，一般是与产品相关的，人们也较容易想到，如果材料常常日晒雨淋，便会出现材料老化现象。讲到负荷能力概念，则与人有关。坏天气会降低人的注意力，便会导致更多的意外事故，也可能还会因此取消生产。

因此，为了更好地理解天气对经济的影响，必须考虑到整个系统间复杂的联系，而不能仅靠直接的因果机制分析。

小原因、大影响：以英国为例

在过去的英国，人们对天气的依赖性并不是很高，这一点非常让人惊讶。与更温暖的国家相比，人们总认为英国人对本国天气和自然现象应该更加敏感，但事实却与此相反。

2001年底，英国气象局（The Met Office）就天气风险的问题调查了各行各业的500家企业，结果表明，由于不利天气的影响，每年这些企业亏损总额为76亿英镑，即占当时英国9%的国内生产总值。而这只考虑到"一般的"天气条件，并不包括极端的天气异常情况，例如洪水暴雨灾害等。

天气条件造成的亏损大部分是因为销售额减少和产量的减少，很多企业还因为不能遵守合同交货期限必须支付违约金。为了能遵守交货期限，员工因天气条件而临时性加班，也会给企业的收益情况带来额外的负面影响。

我们同样以英国为例说明，只是微小的气温变化，会给经济带来何种程度的影响。从1994年11—1995年10月，英格兰和威尔士登记在册的平均气温，比1961—1990年的平均值要高出1.5摄氏度，在夏天的7和8月甚至高出3摄氏度。

1995年的粮食根据土质区别收成各不相同，虽然高于平均水准，但在其他农业领域却出现大幅减产，情况特别严重的是畜牧业和鳟鱼养殖业。在这种情况下，农业产业总损失高达1.8亿英镑。

因为那年对暖气的需求减少，天然气和电的消耗也明显下降，夏天时，制冷的需求上升，用电量却仅小幅上升。能源经济的净亏损额增加到 3.55 亿英镑，但对用户来说，却是非常高兴地省了钱。

服装的零售贸易收入减少了约 3.8 亿英镑；干燥条件引起的房屋地面下沉则让保险行业额外增加了 3.5 亿英镑的损失。

但英国的炎夏也有积极的一面。气温上升了 3 摄氏度，让日均啤酒消费增加了 10 个百分点，给饮料工业带来了 1.3 亿英镑的销售增长额。

根据结余，英国的炎夏带来了各种亏损和损失共计 15 亿英镑。虽说人们更喜欢温暖舒适的天气，但这种天气却不一定能促进经济发展。

天气悖论：炎夏带来麻烦，暴风却推动造林

2003 年欧洲的夏天异常炎热干燥。按德国气象局（Deutscher Wetterdienst）数据显示，德国 6—8 月这三个月的平均气温达 19.6 摄氏度，比往年平均温度高出 3.4 度。根据世界卫生组织估计，因高温天气当年在欧洲造成约 2 万人死亡，其中有 4 000 是德国人。

很多河流，尤其是源自阿尔卑斯山由雪水融化形成的河流，如莱茵河（Rhein）、波河（Po），几个月来都处于最低水位，内河航运因此蒙受了巨大损失，发电厂的冷却水也不够用了。葡萄牙爆发了 20 年不遇的森林大火。德国农业的粮食

种植者蒙受了近30％的收成损失，而葡萄农、酿酒商却可以因酿出了百年好酒而喜悦。除此之外，饮料生产商和地处较凉爽地区的旅游公司也是得利者。

相对而言较少受到"世纪之夏"冲击的是保险经济。根据慕尼黑再保险公司的计算，国民经济损失的峰值约为130亿美元，然而保险公司因旱灾造成的损失负荷还是相对较小的，原因主要是，大部分情况下，欧盟区由于干旱造成的粮食歉收事先并没有投保险。

下文中的例子也可以证明，绝非简单、直接地就能推导出天气事件的经济后果：

1999年12月26日，洛特尔风暴（Orkan Lothar）以200千米的时速横扫中欧，造成80人死亡。受害最严重的是森林，有些地区20％的树木被吹倒或折断。光是巴登—符腾堡州（Baden-Württemberg）的损失就达20亿马克。

但"洛特尔"不仅只引起了损失，它也有积极的作用。通过短短几年时间强制性地更新森林树木，重建了新的、适合环境需求的混交林基础，同时也为动植物创造出了一个新的生活空间。当初茂盛的杉树林时期受到破坏的地方，如今的动植物种类是以前的四倍。

天气决定我们的生活

　　远在古希腊罗马时期，就有人提出气候造就了各个民族的特点。希罗多德（Herodot，公元前 480—425 年，古希腊作家，著有纪录第一波斯帝国的《历史》一书）和希波克拉底（Hippokrates，公元前 460—377 年，古希腊伯里克利时代的医师，今人多尊称其为"医学之父"）都有这种看法，其中后者是古典时期气候问题的主要作家之一。他认为，气候影响人类身体的功能，进而影响了一个民族的特点。

　　基本上，当时的人们就考虑到了"气候对人类的影响"这一问题，它对今天的人们也同样适用。但"自然环境决定人类的历史和命运"这一看法，在欧洲中世纪的基督教化进程中逐渐被摈弃，因为它并不符合基督教上帝意志决定世界的信仰。

　　直到 16 世纪末，法国人让·博丹*（Jean Bodin）才又再度重新研究这个主题。他特别强调，每种气候都会分别塑造出不一样的劳作形式，并尝试借此说明前工业时代呈现出的

　　＊ 法国律师、国会议员和法学教授，因主权理论而被视为政治科学之父。

繁荣，以及新技术和劳作方式的发展。后来到了 1748 年，孟德斯鸠（Montesquieu）反对将气候的意义作为社会塑型因素，他只承认气候对人有生理学影响。

人类社会是气候的产物

德国人文、历史学家约翰·歌特弗里德·赫尔德（Johann Gottfried Herder）在 1774 和 1784 年他撰写的两本关于人类历史的书中谈到，天气有巨大的意义。他勾画出人类精神气候学："（一个民族的）身体和生活方式的特征、所有从儿时起就习惯的乐趣和活动、内心的视野与学识，都是被气候所左右的。"* 赫尔德也认识到，在他所处的时代，现有的自然科学知识还不足以解释气候现象。

格奥格·威廉·黑格尔（Georg Wilhelm Hegel）也尝试在人类发展史中加进气候条件。以当今的标准衡量，他失败了，因为他的理论研究与我们地球上的真实情况并不相符，他缺乏对其他民族文化成果的认识，他的目光过分集中于欧洲了。

卡尔·马克思（Karl Marx）于 1848 和 1849 年提出自然

---

* Bernhard Suphan, eds. Johann Gottfried Herder, Sämtliche Werke, Bd. XI-II, S. 9-10. //Wtsuji Tetsuro, Fudo-Wind und Erde. 1997. Der Zusammenhang von Klima und Kultur, unveränd. Auflage. Darmstadt: Primus Verlag, 187.

基础和社会历史发展间的关联，其中自然基础也包括了气候，他还特别有针对性地指出了气候影响和人类科技能力之间的联系。就这个方面而言，自然是人类经济存在的一部分。

马克思还提出一个观点，即生产方式已慢慢地挣脱了气候条件的限制，在资本主义大工业中普遍采用了相同的表现形式。就这点而言，卡尔·马克思可以说是首位将经济的天气依赖性作为研究论题的人。

近代研究气候学的大哲学家中，还有日本的和辻哲郎（Tetsuro Watsuji）。在他的《风土：气候和文化的联系》一书中写道：

例如衣服、火盆这些防护措施和发明，木炭、房屋的生产制造、樱花祭、堤坝、下水道、能抵挡台风的建筑结构及其类似事物，都是出于我们的自由意愿而产生的，但它们的实现却与冷、热、潮湿这些气候现象息息相关……因此人们对既有气候（风土）的理解认知，就通过房屋的式样表现出来……所以，没有脱离历史的气候，也没有脱离气候的历史。

和辻哲郎详细描述了日本社会是如何受到天气影响而发展形成的。由此，他认为，气候的类型与人类自我认知的类型相符合，所以人们必须研究各自的气候类型，以了解各自拥有的气候特点是如何影响人类的自我认知规律。和辻哲郎还在他的哲学研究中，将世界一些特定地区的气候分为三种类型，即季风气候、沙漠气候和草原气候。

贫穷还是富裕：由气候、动植物决定

当然，并不只有哲学家仔细地研究气候和天气的影响，当代作家杰拉得·戴蒙（Jared Diamond）的《贫穷和富裕：人类社会的命运》*一书让广大公众认识到，气候条件与动植物环境之间的联系有着怎样的意义。

杰拉得·戴蒙明确指出，在大约 20 万种野生植物物种中，人类食用的只有几千种，人工种植的只有其中的几百种，而当今 80％的食用蔬果只有约十几个品种，现在世界人口摄取的热量超过一半仅由谷物提供。这种只集中食用少数几种植物的现象，很明显与气候条件有关，而且也可能与这些植物能够在一定的欧亚大陆东西走向的气候带繁殖开来有关。

由于冬季气候干燥，因此在西亚"肥沃新月"地带总会有许多一年生植物，它们的种子很大，这样才能抵挡得住气候的波动，从而度过干燥期。此外，杰拉得·戴蒙还指出，对于农业和畜牧的发展，东西向明显比南北向能够提供更加有利的气候条件，南北走向的气候带差异太大，如在非洲或美洲大陆，需要克服的困难更多。对戴蒙而言，气候是一种天然障碍，对动植物有巨大影响，进而最终影响到人类。

---

* Jared Diamond. 1999. Arm und Reich-Die Schicksale menschlicher Gesellschaften. Frankfurt am Main：Fischer.

地理位置的劣势及其影响

经济历史学家大卫·兰德斯（David Landes）在其名为《新国富论：为什么有的国家富裕，有些则贫穷》一书中，得出了与杰拉得·戴蒙相似的结论，并引述了约翰·肯尼思·加尔布雷思（John Kenneth Galbraith）的一段话："如果在地球上沿着赤道标出一个 3 000 千米宽的地带，人们将发现，这里没有一个发达国家……这儿的生活水平普遍很低，而且人们的寿命较短。"*

我们这个时代的一些经济学家认为，如今可以靠热带病医学研究和高科技的发展缓和地理位置所带来的消极影响，而兰德斯并不赞同此说法。按他的观点，不管是过去还是现在，这些消极影响都没有消失，只是过去它们的作用更大："世界从不是一片平整的草地竞技场，任何事物都有其代价。"*气候在他眼中是自然环境中最重要的要素之一，他的结论是，从总体上看，炎热给人带来的苦难要超过寒冷所带来的。

兰德斯参阅了约翰·歌特弗里德·赫尔德创作并记录的一则太阳与风的寓言故事，以说明此关系：

曾经，太阳和风为谁更厉害这个问题争得面红耳赤，后

* David Landes. 1999. Wohlstand und Armut der Nationen-Warum die einen reich und die anderen arm sind. Berlin：Siedler Verlag，21.

来他们决定，谁能第一个让面前的那个路人脱掉大衣，谁就是最强的。风马上就开始猛烈地吹起来，雨和冰雹也在一边支援他。可怜的路人哀声连连，却把大衣裹得更紧了，并且用尽全部力量继续前行。

现在轮到太阳了。他洒下温暖柔和的阳光，天地顿时明亮起来，也暖和了。路人热得再也忍受不了身上的大衣，把它脱下来，跑到树荫下乘凉。太阳赢了。*

人体通过劳作产生的热量四分之三都是以热能的形式释放，出汗就是身体为维持适当体温而做出的主要反应。但在潮湿和闷热地带，出汗的降温作用会减弱，兰德斯建议，要想解决这个消耗体能的问题，最简单的方法就是不要产生热量，保持安静，不要工作。

空调设备可以解决炎热："但人类很晚才开始使用空调，事实上在二战后才开始，尽管在美国，人们之前就已经在电影、医生和牙医诊所、大人物（如五角大楼的工作人员）的办公室里见过空调。在美国，空调让新南方的经济腾飞成为可能，如果没有它，那么今天的亚特兰大、休斯敦和新奥尔良这些大城市，仍将会是一派萎靡不振的乡村小城景象。"**

但是炎热、尤其是在那些全年都很热的地方，还会产生

---

* www.gutenberg.spiegel.de/herder/fabeln/Druckversion_sonnwind.htm.

** David Landes. 1999. Wohlstand und Armut der Nationen-Warum die einen reich und die anderen arm sind. Berlin：Siedler Verlag，23.

更加严重的后果：它为昆虫和寄生虫的繁殖提供了温床，而这又再度助长了传染病的传播。

如果疾病的传染率不变，即一个新病例取代一个旧病例，此时传染病的增长比率是 1，那么在温带，像流行性腮腺炎或者白喉这些增长率最高的传染病，其增长率为 8；而在热带，疟疾的增长率高达 90，因为在热带地区没有像冬天这样的可以杀死昆虫和寄生虫的天气条件。

除了气候决定的疾病状况，兰德斯还将降水形式和降水量作为造成国家间贫富差距的重要原因。光看平均降水量是毫无意义的，降水的形式才更加重要，例如北尼日利亚 90％ 的降水是以每小时 25 毫米的暴雨形式降下来的，2 小时内，那儿下的雨就和伦敦一个月的降水量差不多多了。

在爪哇岛（Java），倾盆大雨下得更加急速。全年降雨的四分之一，是以每小时 60 毫米的雨强从天而降的。兰德斯指出，在这种气候条件下，耕地很难与热带丛林或是雨林相比，即使雨没有冲走土壤和养分，太阳也会无情地把地面烤干。此类问题也出现在亚热带干燥地区。

那么，让我们再来看极端天气条件下，比如在洪涝和干旱、飓风和台风时，损失会有多大，我们可能就会赞同兰德斯的结论了：

因此，生活在气候恶劣的地区是危险和残酷的，并且十分折磨人。而一些可能原是人类的善意之举反倒酿成了错误，还会加深这种痛苦……因此这些地区将会一直贫穷下去，而

其中的大部分人只能更穷，许多被看好的发展项目最后却令人吃惊的以失败收场，想改善人民的健康状况，却造成新的疾病出现，且又无力反击固有顽疾等，这些状况的发生就一点都不足为奇了。[*]

发生在 2004 年 12 月 26 日的事件再一次清楚地让我们看到，居住在热带地区的人尤易受到自然灾害的强烈侵袭。他们因此更加贫困，不仅因为生活条件更加恶化了，也因为他们遭受到的自然破坏威力巨大，对于生活在温带的人们来说，这基本上只能从电视上才能了解到。

更糟糕的是，贫穷国家没有足够的财力能够去更好地应对自然的威胁。若有财政资源，都已被用来保障和稍微提高生活水平，即使与发达工业国家相比，这些改善看起来微不足道。几百万的预算用来防护可能百年一遇的灾害，看起来并不合理，因为这些钱都必须用在别的地方，用在那些同样急需、甚至更加迫切需要的地方。

在 1959 年成为美国第五十个州的夏威夷，那儿不仅有一套高效的应对海啸的警报系统，在海岸线上还有相应的防护堤坝，以减弱海浪的威力。但这些措施东南亚没有一个国家能负担得起。在可预见的将来，与温带工业国家相比，世界上贫困人口的生活风险仍将继续加大。

---

[*] David Landes. 1999. Wohlstand und Armut der Nationen-Warum die einen reich und die anderen arm sind. Berlin：Siedler Verlag，31.

天气是人类面临的挑战

不同的人类社会是气候的产物，进而也受动植物的影响，部分影响持续至今，这种认识，既不新鲜也不陌生了。但它却有悖于人类传统的自我观念，这种观念一直以来都受到来自 19 世纪的理念的影响。

不管是欧洲和北美的工业化，还是非洲、亚洲、南美的殖民化，都需要一个维护等级差异和压迫其他民族的社会理论。这个理论在社会达尔文主义中找到了支撑，达尔文的自然选择理论以一种简化了的方式，被套用到了社会、经济和政治语境中。

很简单地，就能把"适者生存"（本意是最适应环境的生物就可以生存下来）理念错误地翻译成"强者生存"，并将它运用到经济中去，只需要人们肯定自己是最强的那一方。到今天，我们还会把成果和进步归功于我们自身，或者至少是归功于一个个体或者小组，而不会归功于我们本身不能影响的外部因素，这都是拜社会达尔文主义所赐。引导人走向成功的是努力和智慧这些品质，而不是什么普遍情况或者凑巧而已。

在 19 世纪，宗教也受到社会达尔文主义的影响，焦点放在是神的指示让世间万物听命于人。这里指的不是所有人，

而首先指的是欧洲人，这一点好像并无争议。而那些生活在不利气候条件下的人们，不会像欧洲人那样地富有创造力、智慧和全力以赴。

19世纪的人们，特别是社会经济精英，正醉心于科技进步，沉浸于一种"只要人们能发展出适当的科学技术，那么几乎什么都能被人造出来"的幻想中。鉴于日常经验，欧洲气候宜人，气候和天气学受到了排挤，成了边缘学科。

在19世纪的世界模型里，天气只是作为一个干扰因素出现，或者最多被视为一个挑战。人们坚信，人类可以战胜并征服天气，即使常常遇到到挫折和损失，比如航海，但是即便这样人们还是可以接受，因为这点损失跟盈利比起来，根本算不了什么。

大约从1700年起，欧洲就不再处于"小冰河期"了，但仍处于一个寒冷时期，这促进了人类取暖的生产活动，并使用煤作燃料，进而人类发明了蒸汽机。虽然这些联系在有些人看来过于牵强，但却是不容置疑的。人类利用供暖解决了北半球难熬的冬天。

从1860年起，气温又逐渐回升，这并不是工业化的结果，但肯定是它的一个令人欣喜的副产品，这更有利于欧洲和北美生活水平的提高和经济的腾飞。当然了，在当时，这个气候变化长期以来并没有人清楚明白地意识到，也很少有人关注。

虽然从1850年起，人们开始系统地记录和利用天气数据，理由很简单，一方面因为人们希望可以通过这些统计计算预知未来的天气，或者至少也是期待能够预知天气；另外，当时从事自然科学研究普遍享有较高的社会地位。

随着铁路和蒸汽动力航海的发展，人们希望不受天气控制的想法也反映到了运输和物流上，因为人们已经在工厂里利用蒸汽机来推动风车和水车，广泛地摆脱了天气因素的影响。

而随着航空的发展，研究和科技才再次将目光投向了天气，人类突然又意识到自己臣服于自然力的弱小身份，这与居统治地位、要求并相信进步的意愿完全不相符。

因此，至少从 20 世纪初起，人们又将天气视为一种挑战。人们不仅须要面对天气这一不可抗力，也必须战胜这种力量。正是在这种想法支配下，人们渴望建造一艘永不沉没的远洋轮船——泰坦尼克号。

二战结束几十年后，人类对天气和气候的看法又一次开始转变。人们感兴趣的重点已经不再是"天气是挑战"，而是"未来潜在的气候变化会有哪些威胁"，而且这些变化极有可能是人为造成的。

19 世纪以来的能够战胜天气现象的自负想法，现在已经变成了一种受到肯定的观点，即人类能够控制并影响未来的发展。但这到底是一个幻想还是希望，抑或是一种可能实现的现实，还有待证实。

但是无论如何，通过 2004 年 12 月 26 日的自然灾害，

"人定胜天"的想法已经受到了极大的质疑。事实说明，自然力的发展绝不能够提前预知。也许因为这次灾害，人们又能重新开始一个长期的思维转变，问题已经不再是"必须保护气候，从而使全球的未来得以保障"，而是也"必须采取措施，保护仍生活在自然力威胁中的人类"，这些风险可能会比未来的气候变化来得更加具体、更加严重。

天气决定盈亏

　　天气问题越来越受到经济领域的重视，如经济研究机构、银行和保险业，甚至还有些独立的科研课题目前都包括相关方面的研究，但这些报告都显示，研究的主题主要集中在三个方面：第一，气候变化所对经济所造成的长期影响结果；第二，自然灾害和保险的关系；第三，金融产品。

　　而天气是否会，又以何种程度影响不同的行业——这个根本问题，只在有特别明显的因果关系时才有所涉及，比如炎夏对冰淇淋生产商造成的影响。

　　当然了，农业研究还是持续深入地研究天气，迄今为止天气还是农业生产最主要的影响因素。能源企业也对短期的天气发展有很大兴趣，因为它是所有生产力和效率规划的基础；如今它们也非常关注气候的变化，因为这些企业排放出的二氧化碳与气候变化有着直接联系。

除了饮料产业，在夏天备受瞩目的还有许多其他产业，它们也受天气的控制，但常常没有得到这么多的关注。其余最有可能受到重视的就是由天气引起的灾害所造成的经济影响。

　　高温天气还是极寒天气、洪水还是气旋——人口稠密地区一而再、再而三地好像是"完全出乎意料地"被自然灾害侵袭。不管在保险还是在救援机构、不管以部门官员还是以紧急救生员的身份——全球每天有数以百万计的人从事着天气对经济社会影响的补救工作。大量工程师研究的工艺，也是首先与气候有关的。科学家们绞尽脑汁地研究模式，只为能更好、更准地预测天气。因为天气总能重新洗牌，没有永远的赢家，也就没有永远的输家。

　　因此，我们将根据行业与天气的特殊关系，有选择地分析几个行业。

交通运输与物流：
经济的扭转点和关键点

　　过去的几十年里，全球的货物和人员的流动性大大提高，这从根本上显示了人类摆脱天气控制力的增强。不论雨、雪，还是大风、炎夏，运输工具都要运行，就算是在不利的天气状况下，只要还处于"正常"的活动范围内，在很大程度上就能确保供应。但是，规律却不断地被例外情况证伪，经济体系的反应也对干扰因素越来越敏感。

　　因为生产过程的组织结构和生产周期有了很大的变化，天气引发的事件对物流和运输业的意义越来越大。为了降低成本和便于集中管理，很多企业现在都放弃了自主生产产品的全部零部件。在大集团企业的全球采购策略中，远在地球另一端的生产厂家已经被整合到欧洲或美国工厂的生产过程中；又或者他们在集团内，让分布于不同国家的工厂生产单一部件。

　　正因为采用了即时生产和零库存策略，准时且安全的运输就显得尤为重要。如果由于暴风雨一架飞机晚点了几小时，或是巨大的海浪让一艘货轮耽搁数天，可能就会延误生产，甚至造成整个生产的停工。因此，人类对天气的新的依赖性也是全球化的后果之一。

 ## 全球贸易增长

1950—1998 年间，统计数据证实的全球商品交易增长了17 倍，但数据显示出的商品生产只增长了 6 倍。商品贸易便意味着运输，而运输意味着相对的天气依赖性。

世界总出口额从 1963 年的 1 570 亿美元增长到 1998 年的52 700 亿美元，其中，64 个工业国家占了 70.7％的份额，而发展中国家的份额保持在 25％，所谓的转型国家却从 11％降到 4％。

可以明确看出，全球处于不利局面的是转型国家，它包括了昔日中东欧的几个国家、中国和越南，以及苏联解体后的国家，这些国家正处于从计划经济体制向市场经济过渡的阶段，它们在国际竞争中被工业国远远地抛在后面，而工业国间的经济却因为竞争结合得更为紧密。但中国在这些转型国家中却是一个例外，中国在过去的几年里经济增长迅猛且稳定，并在 2003 年成为世界第四大出口国。

2003 年，世界贸易出口额增长了 4.5％，达 72 740 亿美元，世界贸易组织预计 2004 年还将最多继续增长 7.5％。2003 年，德国以世界市场份额 10％的比例和 7 480 亿美元的出口总值，第一次位列世界出口国家排名的第一位，领先美国和日本，而中国超过了法国，第一次跻身前四强。

近年来，世界贸易流向的结构发生了明显地转变。农业和矿业原材料贸易的增长速度，只有例如工业生产中半成品、成品增速的一半，这种商品流向不仅在欧洲大工业国家之间出现，也以越来越大的规模出现在西方工业国与亚洲、拉丁美洲的发展中国家之间，而这其中，西欧向东亚转移生产线的增加，扮演了重要的角色。

结果是，需要运输的商品价值提高，连带着天气引发的风险也增加了。虽然，集装箱货船或者特殊的、运送汽车的货运交通工具与烧煤的货船相比，危险性相同，但是显然前者一旦发生事故，引发的损失却会大很多。因此，如果商品价值超过一定数额，人们越来越倾向于选择空运。

一直以来，德国最重要的贸易伙伴国是欧洲邻国和美国，2003 年，中国对德国的进口额已经达到第 7 位，对中国出口达到第 10 位，对中国的出口和进口额度分别增长了 25％和 17％。2004 年，德国出口额继续增长了 10％，达到 7 310 亿欧元，创下历史新高；进口速度加快了 7.7％，达 5 744 亿欧元，其中也有石油和原材料价格大幅增长的原因。

如果从物流的角度去观察这些数据，不难发现，为何德国的商品进出口，非常平均地利用不同的交通工具运输，其中有载重卡车、铁路、空运，还有国内、近海、远洋航运。最重要的欧洲贸易伙伴国都有好几种不同的运输路线可以运达。由于天气因素在欧洲境内的影响程度还是比较小的，因此人们可以按照商品种类、需要的运输速度及其花费挑选不同的运输方式。

但是从气候保护的角度出发，人们还是需要有所改进的，比如像轨道运输排放的有害物质总量明显小于大卡车和飞机。所以，国家方面非常有必要对此采取大量的干预手段。德国在这个方向迈出的第一步就是高速公路卡车收费系统（Lkw-Maut）。按照经济合作与发展组织（OECD）的"环境可持续交通"计划的研究成果，如果将交通工具的二氧化碳排放量减少 50%，那么将会对国内生产总值和就业率产生积极影响。

漂洋过海：顺风对贸易的影响

大家一定还没有忘记，数百年来，海运是唯一获得珍宝和原材料的途径，但如今我们却很难想象，人类驾驶帆船横渡大洋需要冒多大的风险，毕竟这里说的是货运帆船，而不是当今那些环球竞赛中先进的现代化快艇，老帆船的船员也并非由积极性高、训练良好的优秀运动员组成，也没有特制的功能性服装，而只是一些薪水微薄、营养不良的水手，他们穿的"保护服"就是些廉价得不能再廉价的衣服，最好的也就是当时纺织工艺所能做出来的衣服罢了。

也许今天不会再有人还能忍受这样的工作——冒着极大的生命危险，在狂风怒号的时节出海，就算是早期汽船估计

也不会有人愿意在上面工作了。但在广大公众的意识中，海运的意义及与其相捆绑着的风险，已经被遗忘了。最多在发生了一次轰动性的海难后，媒体才会再重新聚焦于此。

人们已经习以为常，开着日本或者韩国制造的汽车，用着大多来自亚洲的电子娱乐设备，享用南美的香蕉或者新西兰的猕猴桃、澳大利亚的羊肉、来自加利福尼亚或者开普敦的红酒、茶和咖啡——这些都是进口商品，它们为了在德国卖掉，其中不少已周游了半个地球。容易变坏的商品，比如鲜花或者特殊品种的蔬菜，也已经能够通过空运来到欧洲。但大部分进口商品，都经历了一个漫长的、仍然不是百分之百安全的海运旅程。

太平洋——未来之海

20 世纪伊始，地中海被视为过去之海，大西洋是现代之海，而太平洋则是未来之海。今天，我们已经来到"未来"，世界上十个最大的集装箱码头里，有六个位于太平洋，与此同时，世界总贸易中有近四分之一是在亚太地区进行的。

1960 年前后，横渡太平洋的商品总值还只有 88 亿美元，而今天，这一数值已经大大超过了 5 000 亿美元。在同一时期，横渡大西洋的商品总值由曾经的 237 亿美元，增长到了今天的超过 3 900 亿美元*

---

* 参考《附录》中的"海上贸易数据与相关资料"内容。

亚太地区的繁荣是自第二次世界大战后才开始的。远程交通中，大部分船只来往于北太平洋上的中国、日本和美国之间。在"短途交通"中，中国的南海已经成为一个越来越强大的海运枢纽，并且如今和北海并列，成为世界上航运最频繁的海域。

不幸的是，亚洲沿岸的海域也是最危险的天气区域之一，太平洋早已不像它的名字那样那么"太平"了。每年都有超过 30 次的台风威胁着菲律宾和中国之间海面的航运。

当然，大西洋上的航海运输也并不是没有问题的。加勒比海和美国东海岸每年约有 20 次飓风袭击。虽然有雷达的辅助，北海和英吉利海峡的浓雾总还是会引发船只相撞事故，而北大西洋由于暴风和大浪，成了一个令人畏惧的水域。因此，没有哪个地方航船是完全没有危险的。

近五十年由天气引发的海难

2004 年 2 月 10 日，渡轮"萨姆森号"（Samson）从科摩罗群岛（die Komoren）摆渡前往马达加斯加的马任加港（Mahajanga）途中遭遇热带气旋，船上 113 名旅客中，只有 2 人凭借救生筏获救到达了马达加斯加，余下全部罹难。

2002 年 11 月 13 日，有 26 年船龄的单壳体油轮"威望号"（Prestige）海上失事，6 天后，船身断裂，在西班牙海岸前沉没，并损失了超过 7 万吨原油，造成到那时为止西班牙最严重的环境灾难。

1999 年 12 月 12 日，服役 24 年的油轮"艾瑞卡号"（Erika）遇到风暴，并在法国布列塔尼海岸前断成两截，损失了 1 万 1 千吨重油。

1998 年 10 月，中国 APL 公司的集装箱货轮在太平洋的一次风暴中遗失了 300 个集装箱，另有 100 个集装箱严重损坏，损失总额达 5 000 万美元，船只的价值大约为 9 200 万美元。

1980 年 3 月 27 日，石油钻井平台亚历山大·基兰（Alexander Kieland）因暴风而倾覆，123 人遇难。

1979 年 8 月 11 日，在"海军上将杯"（Admiral Cup）帆船赛举办期间，300 艘快艇卷入大西洋上的事故，其中 20 艘沉没，19 位帆船手遇难。

1978 年 12 月 12—13 日，德国货轮"慕尼黑号"（München）沉没。面临数日的飓风，平均高度达 16 米的滔天大浪，"慕尼黑号"发出的数次求救信号都十分微弱。对"慕尼黑号"在大西洋上亚速尔（die Azoren）群岛北部展开的救援行动，是国际救援行动中最大规模和持续时间最长的之一。整艘船连同 28 名工作人员下落不明，最终只能找到几个集装箱、一个坏掉的救生艇、部分沾满油污的搭救平台和一个无线电浮标。当时认为，"慕尼黑号"这艘现代化的、长 261 米、载有巨大能漂浮的集装箱的浮货柜式载驳船，几乎是不可能沉船的。

今日，人们认为，"慕尼黑号"是 25～30 米高的所谓"异常波"（Freak Waves）的牺牲品。遇到巨浪之后，船身严重倾斜了 50 度，最终因为电力耗尽而失去控制。这艘轮船于 33 小时后才开始下沉，但却由于位置报告得不准确，导致当时在错误的地点进行了搜救。那时还没有卫星支持的导航系统或者卫星电话。直到今天，船只的残骸还没有找到。

1957 年 9 月 21 日，一艘四桅帆航海训练舰"帕米尔号"（Pamir），在北太平洋面遭遇风暴而沉没，86 名船员中有 80 人遇难。

1956 年 7 月 26 日，"安德蕾亚·多丽亚号"（Andrea Doria）因斯德哥尔摩附近海面出现雾堤而与"斯德哥尔摩号"（Stockholm）相撞。"安德蕾亚·多丽亚号"记录中的 1 706 名乘客中有 46 名丧生。

提高海上交通的安全性

如今，大部分的石油集团已经注意到，如果将他们自己大部分的航运业务交给外国海运公司，这样万一发生海难，自己公司的品牌名称和集团形象都不会遭受损失。但从 2004 年起他们开始转变思维方式，这种想法除了证实了企业开始更多地注重自己的责任意识外，也必然包含着商业考虑在内。

国际海事组织（International Maritime Organization, IMO）规定，自 2010 年起，大型油轮必须使用双层船壳，这就意味着，在船体的外壁和油舱壁之间，要有 1～2 米厚的空腔，这样在发生相撞时，油才不会马上外流。在单壳油轮上，油舱壁并不是单独建于船舱内的，而是船体结构的一部分，

因此如果船体结构受损，就可能会产生漏洞。

　　人们可以想象，一艘能运输 30 万～40 万吨油的超级油轮，会被大海浪折腾成什么样：当艏部被海浪抬起，船的中部会沉到波谷里，之后中间部分又会被抬高，艏部和船尾又落入波谷中。一艘 300 米长的载货货船在海浪中的变形能达到 0.6 米，那么不可避免的是，微小的裂缝会先出现，而负载一旦更重，裂缝将会更大。

　　正是那些没有同石油集团公司签订协议的船主们，现在并不想淘汰那些已经比较老旧的船只。特别是在 2004 年达到高峰的这一波亚洲经济繁荣，使船运业务量大增，油轮的调度上有些困难，所以像韩国、新加坡和日本这些国家，已经准备将引进双壳油轮的条款推迟到 2015 年再实行。

　　大约有 2 300 艘这种简易船只目前仍在服役中，这其中，如果按照国际海事组织的规定，到 2010 年前要有 700 艘报废。那些负载量小于 5 000 吨的较小单船壳油轮因此而得以继续航行。

　　英国石油集团公司的风险分析指出，新油轮必将考虑到投资。一桶 159 升的油，按照世界市场的不同价格能卖 30～50 美元，而相反的，如果遇到海难，石油流入大海，那么集团公司将要为每桶支付 5 万美元以清除对环境造成的损害，同时还需重塑公司形象。

　　坏天气的威胁推动了造船业和现代化技术的发展，但是船只不仅只有油轮，还有将货物高高堆叠在甲板上的集装箱货船。人们也在考虑如何减少这种船只的事故率，毕竟估算全球每年大约有 1 万只集装箱会被卷入海中。对于这种情况，海浪不仅有责任，还与船长驾驭船只以避免所谓的"参数横摇"* （das parametrische Rollen）的方式有关。

船只"技术监察协会（TÜV）——挪威船级社"（Det Norske Veritas，DNV）为货船发展了一套名为"自动操作导引"（Aktive Operator Guidance，AOG）的电子设备。这套仪器使用一个雷达测量海浪的高度、周期和方向，并用电脑对所在船只相关重要属性进行控制。如遇险情，仪器便会对驾驶舱发出警报，并不会自动干预。但在世界范围内，海运公司是否做好了准备——为自己的船只装备更好的技术设备，却是各有不同。

认识异常波的威胁

通过东南亚的洪水灾害，大家已经特别注意到了所谓的"异常波"，它并非像海啸一样是由海底地震引起的，而是由暴风和洋流引发的。长久以来，人们不是把这种巨浪看成是海员杜撰的惊险故事，就是将它视作最多万年一遇的自然现象。如今，人们可以借助欧盟已于 2002 年 12 月启动的名为"巨浪"（MaxWave）的科研项目，纠正自己的看法。

通过欧洲空间局（Europäische Weltraumagentur，ESA）

---

* 或译参横激摇。

发射的 ERS 卫星雷达，人们至少已经找出 10 个超过 25 米高的巨浪，从而证实了北海油田哥玛（Goma）上的雷达数据，它记录了 12 年内 466 次这种自然事件的发生。同时，人们已经相信，自 1980 年起，超过 200 多艘船身长度超过 200 米的巨型油轮和集装箱货船都由于在公海上遇到了天气引发的异常波而沉没了。

1995 年 2 月，豪华游轮"伊丽莎白二世女皇号"（Queen Elizabeth II）在北大西洋遭遇了 35 米高的异常波。2001 年 2 和 3 月，游轮"不莱梅号"（Bremen）和"古苏格兰之星号"（Caledonian Star）也分别在福克兰群岛（die Falkland-Inseln，又称马尔维纳斯群岛）附近碰上巨浪，甚至两艘船高于海平面 30 米的指挥舰楼的窗子，都被海浪击碎了。"不莱梅"号在长达数小时的时间里失去了控制，导航系统也完全失灵，在公海上漂流。

异常波是由于不同方向的海浪相汇时，彼此重叠、互相碰撞而产生的，因此它虽然高，但是并不陡峭。陡峭的波浪常发生在南非的东海岸，这儿是快速流动的厄加勒斯洋流（Agulhas-Strom）和来自南极洲急流的汇集处。但总有一些还无法解释其形成原因的异常波。

当海浪超过其周围最高海浪高度的 2.2 倍时，这样的海浪就叫做极限波（Extremwellen）。平均 1 万个波浪才会出现 1 个极限波。在浪高 45 厘米的相对平静的海面上，30 小时之内出现的极限波也就只有 1 米高。而如果遇上风力为 12 级的暴风，海浪则会被推至 14 米高，这样极限波就会高达 30 米。

如果这样的巨浪袭击船只，那么甲板承受的重量每平方米将要超过 100 吨，而远洋船只设计的荷载最高只有每平方米 15 吨，能承受的最高海浪也才 15 米，因此，异常波给现代航运带来了实实在在的威胁。

现如今人们才开始对此进行反思，采取措施强化舱门并建立预警系统，警告人们可能发生的极限波。所谓的"白墙现象"（White Walls）是一种长达数千米的垂直立体式波浪，常出现在南极海域，它可以通过卫星监测识别出来，未来还应该对在其周围海域活动的船只进行预警。令人惊异的是，几十年来，实际上几乎没有人对这一现象进行过研究，也正因此，对今天的海运来说，它仍然是一个由天气引发的巨大风险。

越过草原：以铁轨代替公路

由于大型马车的工作能力远远无法满足人类长途运输煤和矿石的需要，因此，铁路的发明是大势所趋。在此之前，在 19 世纪初的英格兰，已经有一套运转良好的私人公路和水路系统，这些路线主要是由经营公司为运送经济货物而铺设，并会收取一定的使用费。但很快，随着科技的飞速发展，这个交通网已经不能再满足人们对运输的需求了。除此以外，

英国的运河也和别处的河流有同样的缺点——水路并不是人们想去哪儿就能到哪儿的。

铁路与内河航运：两个不平等的竞争对手

与欧洲大陆的内河航运相比，虽然英国的内河航运对天气的抵抗力是最强的，因为在英国，充足的降水可使水道里的水一直保持在最佳水位，冬天也没有极低的气温使水道完全结冰、航运陷入瘫痪，但这些优势也并不足以弥补它的缺陷。

世界范围内的河流航运都包括三个主要的不利条件，而今看来它们仍然完全是由天气决定的——低水位、高水位和开春时节冰层融冰的流动。虽然这些问题可以分别利用水闸系统、泄洪区和碎冰柱/破冰船解决，但是想避开现有的河流重挖运河，却是越来越不可能，因为现代轮船和推船的吃水深度对水道的深度要求更高，人们基本上不会考虑这么奢侈的解决办法。因此，从 200 年前人们就开始寻找替代方案，最终发明了铁路*。

前汽车时代：铁轨代替公路

第一辆满足日常使用的火车头是由威廉·海德利（William Hedley）为英国纽卡斯尔（Newcastle）附近的威兰（Wylam）

---

* 参见附录中的"德国内河航运数据与相关资料"内容。

煤矿井建造的。在 1829 年，乔治和罗伯特·斯蒂芬森父子
(George and Robert Stephenson) 为曼彻斯特—利物浦铁路建
成了第一辆可以长距离行驶的火车头。一年之后，美国的南
卡罗来纳铁路 (South Carolina Railroad) 作为美国的第一条
铁路投入使用。自此，这种新交通工具的发展便一发不可收
拾。至 1847 年，英格兰在建的铁轨已达 1 万千米。

德国显然没有跟上这一发展势头，落后了很多。1850
年，普鲁士的铁路网总长才 4 000 千米，而等到这个数字翻 3
倍的时候，已经是 20 年后了。在欧洲大陆上，发展现代铁路
事业最主要的障碍，并不是人们不了解现代化运输系统的优
势，而是因为当时政治上呈现的四分五裂的割据状态。

与公路相比，铁路有着明显的优势。它不仅建造起来更
便宜，更易于保养，还能轻松地运输数量更大、更重的活物，
此外，铁路还较少受到不利天气条件的影响。在欧洲，19 世
纪铺设了大量的石子路，但这些路也只是出于纯粹的军事策
略考量，而并非为了连接各个经济中心。在世界上别的国家，
只有城市内才有牢固的道路设施。

20 世纪的发明——公路

我们今天不仅在欧洲、北美，也在世界上很多地区看到
了密集、延伸的公路网，这些公路是在二战后的 20 世纪 50
年代才出现的，它给现代工业国家又带来了一次新的空间秩
序革命。

在 19 世纪的美国，甚至 20 世纪前期，在西部人烟稀少地区根本没有公路，直到 20 年代，长途汽车交通最多也只能行驶在政府修建的满是灰尘和泥巴的路上。只要人们一离开一个大的居住区，那就没有公路可寻了。

修建供汽车行驶的道路是在二战前，最初是基于旅游和欣赏风景的需要，并没有从货物运输角度考虑。即便德国的高速公路*的建造也并非是之前声称的那样，是为了承担军事用途。因此当时的高速公路和现在的完全不同——路上总是空荡荡地，没有一辆车子。

美国第一条高速公路——哥伦比亚河公路（Columbia River Highway）于 1913 年建于俄勒冈州，当时是为了开发一个风景特别优美的旅游景点。从 1916—1919 年，美国人兴建了第一条横贯北美大陆的公路线，即从纽约到旧金山的林肯公路（Lincoln Highway），全长 3 305 英里**。

但到了 20 世纪 30 年代，美国大部分的路还是所谓的土路（Dirt Roads）。虽然在 1921 年颁布了一项法律，规定所有人口超过 5 万的城市必须要与 20 万英里长的两车道公路——州际高速公路网相连，但直到 1925 年，美国还是只有 3.1 万英里的水泥马路。

20 世纪上半叶汽车的普及和公路的建造，是以两种不同的速度推进的。虽说 1921 年，世界上的 1 230 万辆汽车中至

---

  * 德语的高速公路 Autobahn，本意即是指供汽车行驶的道路/轨道。

** 长度单位，1 英里＝1 609.344 米。

少有 1 050 万辆都在美国，但从今天的眼光看，这些车行驶的都不能算是"公路"——夏天飞扬的尘土把车子蒙上一层灰，雨天车子又会陷入泥淖之中，冬天路被大雪覆盖，根本找不到了。长时期以来这一状况都没有得到改善。

1928 年，美国已拥有 2 450 万辆汽车，其余国家加在一起总共才只有 250 万辆。1940 年，今天帕萨迪纳公路（Pasadena Freeway）的一小段在洛杉矶建成通车，在这条新公路上，车辆可以开得更快、核定载货量更多。与高速公路十分相似的美国州际公路的建造工作则从 50 年代中期才开始。1956 年的《高速公路法案》为 4.1 万英里长的"国家州际及国防公路系统"（National System of Interstate and Defense Highways）的建立提供了法律基础。

今天的公路早已是一种高科技"建筑"，它周密的设计构造，能够帮助交通参与者降低天气的风险。因此，不同的气候条件也决定了不同的路面铺设材质。在斯堪的纳维亚，路面耐寒防冻；而在南部则需更坚硬，以防止地面被晒化。正是从这一点上说，预期的气候变暖可能会带给我们一系列问题。如果平均气温进一步上升，那么德国就有必要更换铺设路面的材质，因为被太阳融化掉的沥青路面会形成凹陷的轮胎痕迹，从而给交通造成隐患。公路的天气保护还包括，雨天的路面积水能迅速被排走，以及在高速公路的危险路段配备自动喷洒化学清洗物质的装置。

在北莱茵—威斯特法伦州（Nordrhein-Westfalen），人们

通过不同的实验项目，来了解如何运用地热达到给车道除冰的目的。依照美国、日本、荷兰和瑞士的做法，将装满水的螺旋形热水管嵌入车道表面层，其通过电热探头或是用水泵抽取地下水，温度以路面不再结冰为宜。这项技术已应用在足球场建造上，可将草坪加热。夏天，也可以将冷水装进螺旋管防止沥青熔化。

德国这方面的发展还不及冰岛，在冰岛首都雷克雅未克（Reykjavik）已经有超过 25 万平方米的公路和人行道铺设了这样的加热装置。冰岛之所以能够负担得起这个费用，是因为冰岛大部分利用地热供暖，每户人家用完热水后，水能穿过街道下方被排放出来。

2003 年德国联邦政府在公路建设领域投资了 120 亿欧元，由此可以看出，它在德国仍然是一个重要的经济因素。2003 年全德跨地区公路网全长 230 848 千米，其中有 11 786 千米是联邦高速公路，41 228 千米为联邦公路，各州公路长 86 833 千米，地区公路长 90 996 千米。在乡镇内外，还有约 43 万千米的街道供地区交通使用。因为冬季道路养护每年每千米公路都需花费约 1 500 欧元，这样一算，德国总公路网差不多每年需要花费 10 亿欧元。

铁路仍将保持领先地位

在美国，民用铁路在相对较早的时候就彻底地被汽车所取代，但在欧洲，这一过程显然要慢得多。在二战前，也像美国一样，欧洲公路长途货运与铁路和航运相比是微不足道的，从路面质量上也能明显看出这一点。虽说第一次世界大战时期，也有载重卡车运送战争物资到前线附近，但是大部分待运货物还是通过铁路运输的。

过去货车轮胎是用硬质胶和铁制成的，与今天相比，行驶在当时常见的是土石或碎石路面的车行道，这种路面经不起重型交通工具的磨损。当后来充气低压轮胎出现时，碎石路便更不耐用了，因为轮胎转动加快了，路面的颗粒表层会被完全刮掉。今天，碎石路面公路已经不常见，它原是由苏格兰的道路工程师 J·L·麦克亚当（J. L. McAdam，1757—1836）发明的，是一种加进了沙石的土石路。

作为一种高效、广泛、无误的交通工具，铁路在世界上许多地区保持了约 150 多年的领先地位。1853 年，英国人铺设了印度的第一条铁路线，到 1870 年，印度的铁路网长度已超过了 7 000 千米，至 1936 年，这一长度翻了 10 倍，达 7 万千米，当时的印度因此而一跃成为拥有世界上第四大铁路网的国家。世界上第一条贯穿大陆的铁路线则于 1869 年在美国完工。

今天，世界铁路网总长约为 125 万千米，其中美国和加拿大拥有 24 万千米，解体后的苏联各国占 21.4 万千米，欧洲经济区内的铁路长 16 万千米，俄罗斯铁路网长达 8.6 万千米，中国也有 6.8 万千米，德国只有 3.6 万千米长。而在铁路的家乡英国，铁轨总长已经缩至 1.6 万千米了。

很明显地，像中国、印度、日本和俄罗斯这些国家的客用铁路占据了世界排名的前几位，德国以极大的差距跌到第五名，而美国甚至仅排名第15位。在铁路货运上，美国则稳居世界排名第一，第二名是中国，比美国少了三分之一的净吨千米数，铁路运输第三名仍被俄罗斯占据，而德国则排在印度和乌克兰之后，应该为位列第五而感到满足了。

"所有人都在谈论天气，我们不说！德国铁路。"1970年的时候，这是德国最有名的广告语之一，但今天，德国铁路公司可不敢再说这样的大话了。不是说天气变差了，而是铁路技术比以前更容易出问题了，道岔的转辙装置增多、架空导线和自动控制总技术都增加了错误发生的潜在危险。所以在美国和加拿大人们仍在使用柴油机组，而放弃电气机组，因为柴油机组更能确保长途运输的稳定可靠。

翻山越岭，飞向未知世界：
从邮政飞机到"空中巨无霸"

在20世纪初，航空还只是一种冒险行为。早在发展客运之前，人们已经利用飞机来运送信件和包裹了。1912年6月10日，第一架邮政双翼飞机——著名的"黄狗号"首航，从法兰克福的雷布斯多克地区（Frankfurt-Rebstock）飞往达姆施塔特（Darmstadt）。之后的发展非常顺利，在德国、法国和美国开辟了第一批邮政航线，奠定了民用航空的基础。

在 1919 年，来往于维也纳和基辅（Kiew）、巴黎和瑟堡（Cherbourg）之间的邮政航线已经开始定期往返，法国邮政航空公司（Aeropostale）还有飞往非洲及从瑞士飞往波斯的航班。当然这些飞行每次都有危险性，因为这种开放式的双翼飞机还没有配备雷达和无线电导航设备，天气是邮政飞机最大的敌人。

作家安东尼·德·圣·埃克苏佩里（Antoine de Saint-Exupéry）也是当时优秀的飞行员之一，他们利用还不完善的技术挑战反复无常的大自然。世界级著作《小王子》，就是他在撒哈拉的邮政飞机站当站长时所作，而小说《夜航》描述的是他往返于里约热内卢和布宜诺斯艾里斯这条于 1928 年开放的航线的经历。因为当时的轮船和火车为了与飞机的发展势头相抗衡，开始晚间行驶，因此邮政飞机也被迫夜间飞行。这是一种拿生命作赌注的冒险，当时，每六个飞行员中就有一个丧生。

1937 年，德国汉莎航空（Deutsche Lufthansa）接手了飞往里约热内卢的邮政航线，当时飞机中途必须在一艘补给舰上降落加油，然后再用类似今天的航空母舰上的弹射器，将"水上飞机"射向空中继续飞行。二战爆发后，民用航空第一次全面停顿，而军事用途的空运需求才开始发展。这段时间里，昔日的波音航空邮政公司，成为了美国最大的飞机制造商之一。

二战结束后，很多美国的空军飞行员转而开始投入货运业务，同时他们也接手了当时已不再需要的军用飞机。但客运航空公司也很快就意识到航空货运业务的潜力，并与飞虎航空（Flying Tigers）及海岸世界航空（Seaboard World）等传统航空货运公司开始了竞争。

再次联系东南亚的洪灾，人们就能知道空运装载货物到底有多重要。世界各国的运输飞机飞向受灾地区，带去了救援物资和食品，再通过直升机分发下去。今天，天气对人的影响力有多大？从当时下暴雨时直升机无法起飞又能再次证明，就算是最先进的科技还是无法应付所有的天气状况。

航空货运的高增长率

近四十年来，没有哪一种交通工具能像飞机这样，拥有运输性能上如此之高的增长率。以前顾客视航空货运仅为一种优先运输备件的权宜之计，但这个时代早已远去。今天，典型的航空货运商品包括活体的动物、花卉、名贵的水果，还有流行商品和其他季节性商品，人们也用飞机装运特别贵重的、运送途中容易损坏或容易被盗遗失的物品。

空运虽然在世界贸易中只占不到一个百分点的份额，但如果按吨位计算的话，货品却占总货物价值的30％。正因为从1985—2001年以来，空运的平均价格每年下降3.4％，今天平均每千克的运费在1.4欧元左右，所以，就算把20万只小鸡空运到沙特阿拉伯，有时候也是挺划算的。

在 2003 年，世界航空货运吨位达 1 540 万吨，预测 2010 年这一数字将达近 2 300 万吨，这其中，增长最快的将是亚洲，特别是中国。除了廉价的标准货运外，贵重货物的特快专递和特殊货运业务将会继续上升，这里包括了运输活体的动物、冷藏和易变质的商品。

基本上，商品运输中的航空货运有两种形式：一是通过客机，二是通过全货运飞机。在客机的底部，也就是所谓的机腹（belly）处有一个货物装卸平台，依照不同的机种可以装载 1～15 吨不等的货物，但在这里，飞行时刻表和目的地则是视客运业务的需求而定的。即使如此，全世界约一半的货运量是通过客机"机腹"运送到的。剩下的一半是由货运飞机专用的航线运送，比如汉莎货运航空公司，其拥有世界上最大的全货运飞机——波音大型喷气式货运飞机——747～400，能够装载约 120 吨的货物。除了全货运飞机和有货舱的客机外，还有一种所谓的"可快速改装"（Quick Change）型飞机，这种飞机白天运送旅客，在晚上将座椅卸下来，可以在欧洲内实现货物短途运输。

德国邮政股份有限公司（Deutsche Post AG）还为他们的境内邮政航班想出了一种解决办法。他们不将客机的座位拆除，而是将邮件装入布袋子系在座位下。

所有的货运航空公司都面临到的最大问题，就是世界贸易中的南北落差。往南飞的飞机都是满载的，但回程却不尽然。所以现在，人们常常安排它们做一种形式的"全球环程

飞行"，以便能从南美，特别是哥伦比亚，运鲜花回欧洲，或者从南非运比较贵的欧洲冬天没有的蔬菜回来。一般来说，就算再继续飞到亚洲去载货，也是很合算的。

在国际航空货运公司（也称 Cargo Carrier）中，汉莎货运航空公司占有 6.7% 的市场份额，居第一位；紧跟其后的新加坡航空（Singapur Airlines）拥有 6.4% 的市场份额；韩国航空（Korean Air）为 5.6%。第六位的是第一个提供门到门点对点快递服务的所谓"集成性服务商"，占 4.4%，这家公司就是以前名为 Federal Express，现改称 FedEx 的联邦快递；而优比速（UPS）排名第 13 位。在这里，基本上我们比较的是所谓的"飞行吨千米数"，2002 年汉莎航空的这一数字就超过了 70 亿。与此同时，来自亚洲的竞争也有所增加，这些公司不断地扩充强化他们的机组数量。

一般纯粹只做载客业务的航空公司，很少拥有 300 架以上的飞机，而与之相反，部分大型国际航空货运公司却有超过 600 架飞机。汉莎货运航空公司是 WOW 航空货运联盟的成员，这一运输网络在世界范围内，每天有 618 架飞机飞行 3 660 个航次，往返于 103 个国家的 523 个目的地。这个货运网络的枢纽由十个主要的"空运分捡中心"（Hub）组成，这个空运分捡中心的系统是根据联邦快递创办人弗雷德里克·W·史密斯（Frederick W. Smith）提出的想法发展而成的。

联邦快递与孟菲斯——一个与天气相关的决定

1965 年，就读于耶鲁大学的弗雷德里克·史密斯（Frederick Smith）在毕业论文中描述了一种快递服务，这种服务在二年后就能赢利，但他的想法遭到了耶鲁的拒绝，理由是"胡说八道"。因此，史密斯为了将想法付诸实施，在 1973 年创办了联邦快递。作为退役的美国海军陆战队队员，他选择了田纳西州的孟菲斯（Memphis）作为公司总部所在地。

之所以选择孟菲斯，不仅因为它在地理上位于美国的中心部位，也是由当地良好的天气条件决定的。那里的机场平均每年只有半天的时间处于所谓的一级状况（Category 1），这也就意味着，在实际中，因为坏天气而导致航班停飞或延误的情况几乎是没有的。

史密斯的构想是，从一个中心点飞往美国的各个城市，不再走客运航线。他的航线是以货物流向的需求为导向的。虽然在开始阶段，重新装货和配送都只能在孟菲斯实现，但在今天，联邦快递已通过购买获得了世界各地的航权。

尽管如此，孟菲斯在今日的航空货运交通中，仍然在机场中占据着第一的位置，紧随其后的是香港机场（中国）、东京成田机场（日本）、安克雷奇机场（Anchorage，美国）、仁川机场（Inchon，韩国）、洛山矶机场（美国）、法兰克福机场（德国）、纽约的肯尼迪机场（美国）、新加坡机场（新加坡）和迈阿密机场（美国）。而在客运方面，亚特兰大的哈兹

菲尔德机场（Hartsfield）、芝加哥的欧海尔机场（O'Hare）、伦敦的希斯罗机场和东京的羽田机场（Haneda）还排在洛杉矶机场、达拉斯的沃思堡机场（Fort Worth）、法兰克福的莱茵—美因机场（Rhein-Main）、巴黎的戴高乐机场、阿姆斯特丹的史基浦机场（Schiphol）和丹佛机场的前面。

如果人们观察一下货运航空的枢纽，就能看出，除了孟菲斯、洛杉矶、法兰克福和纽约之外，别的大部分机场要不是在台风或飓风多发区域，就是像安克雷奇一样，靠近极圈地区。

即使当今的飞行已经明显比 20 世纪初安全了许多，但是大家还是认为，货运交通事故发生的可能性仍比客运航空要大得多，一方面目前对此还没有一份世界性统计资料，另一方面，在很多国家，规模较小的事故、故障常常被雪藏起来了。

美国国家运输安全委员会（National Transportation Safety Board）的失事统计数据显示，天气仍然是影响航空的一个重要因素。根据这份统计资料，所有飞机失事中，超过30％的事故可归咎于天气影响。起降时，能见度低和过强的风力，一直都是导致坠机的最主要原因。

德国的信件也是由飞机运送的

如果德国的某一个机场天气不好，就有可能影响到邮递员的投递时间。德国境内的邮政运输仍然是以美因河畔的法

兰克福为枢纽，通过邮政夜间空运网运输。德国联邦邮政
(Deutsche Bundespost) 租用汉莎货运航空公司、英航德国分
公司和欧洲之翼航空公司（Eurowings）的飞机，每个工作日
的晚间都有超过 20 架飞机，飞行于德国境内的 40 多条航线
上，每晚运输的信件超过 1 200 万封，总重约 300 吨，其中
80%是商务信函。

这些航班必须在 23 点至凌晨 2 点半之间起飞，因此在信
件到达法兰克福之后，便被装运至飞机上继续运送到各个邮
政处理中心。即便仅有一架飞机因为天气原因有所延误，那
么整个系统都将陷入混乱之中。

值得一提的是，拥有超过 6.2 万员工的法兰克福机场，
超过了总部在沃尔夫斯堡市（Wolfsburg）的大众汽车公司
(Volkswagen)，是德国最大的地区性就业场所。一想到法兰
克福机场要能正常运作，主要还需依靠最低承受限度的天气
条件以利于飞行，我们就能再度意识到，天气和经济的联系
有多么密切了。

航空交通危害未来气候

说到航空交通，它不仅依赖于一定的天气条件，或许也
会对气候变化造成不容忽视的影响。按照专家的观点，特别
是二氧化碳排放这一项，航空交通的意义就将显著增加。如
今，航空交通的二氧化碳排放量排在道路交通之后，位居第
二，但预计到 2015 年，航空的二氧化碳排放量将是 1995 年

的两倍，并且未来还有可能继续上升。

按照经济合作与发展组织的估计，最晚在 2030 年，航空交通对全球气候的影响将超过汽车交通，因此，飞机将会成为危害未来气候的头号杀手。但问题是，几乎没人反对航空交通的扩张，因为我们今天的生活和经济前所未有地仰赖于这些高效率的机动性方案，而且除了飞机，没有别的交通工具能像飞机一样又快、有好。当然，大家都希望科技能发明出新的、更轻便的飞机结构，并实现更大的承载量，以减少每个乘客或每吨货物所消耗的燃料。在目前尚有疑虑的情况下，人们尝试着减少地面上二氧化碳的排放量，以平衡飞机对大气层造成的损害。但这一切会有什么样的成果，还很难说。

天气帮助生意兴隆

几乎全部由人类制造且放置在室外的东西，都必须采取措施以免受到天气的影响，人类自身当然也是一样。因此，各行各业都有与天气防护有关的生意可做。对于我们人类来说，天气防护已经成了生活中理所当然的一部分，以致我们常常都忽视了天气与我们的这种联系。事实上，没有哪一种天气现象和天气影响是百利而无一害的。

太阳给地球带来了光和热，在照射到地球上的太阳光中，除了可见光线和红外线外，还有不同波长的紫外线：UV-A（波长 400～320 纳米）和 UV-B（320～280 纳米），而有害的 UV-C（280～180 纳米）则已经被大气层中的臭氧吸收掉了，臭氧层同样也能削弱其他紫外线的强度。

UV-A 对人体的好处是可以让皮肤晒成小麦色，微量的 UV-B 可以促进人体的呼吸、循环、代谢、腺体功能，改善一个人的身体整体状况。大量的 UV-B 则会把人晒伤。两种形式的紫外线都会造成皮肤癌和白内障（Grauer Star）。

从古至今，人类从天气中得到的经验，已经很好地应对了紫外线的威胁。防晒服、遮阳帽、太阳眼镜、遮阳伞和防

晒霜养活了全球很多行业，而且生意甚至很好。问题只在于，北方上空平流层的臭氧长期持续减少。德国气象局估计，整个臭氧层在以每十年3‰的速度减少，这样一来，导致对生物影响特别大的 UV-B 每十年将增长约 4.5‰。

很早就致力于对抗紫外线问题的澳大利亚，从 1996 年，就已经开展对紫外线防护服的认证工作。人们通过织法、颜色或特制的吸收剂或是反射剂，使体育或功能性服装具有防护功能。近来，德国也出现了符合紫外线防护标准 801 认证的纺织品，能够有效防止紫外线的伤害。

这些紫外线防护服的防晒系数从 20～80 不等，正确使用防晒霜的防晒效果只能最多达到 30，而穿着较厚的棉布衣服则只能有 20 的防晒系数。因此在气候变化框架内，对纺织业来说，这块未开发的市场有着巨大的潜力。人们现在只需要在洗衣服时使用某种含吸收紫外线物质的洗涤剂，就可以提高衣服的紫外线防护指数，而这种洗涤剂应当对人体无害。

但是，紫外线伤害的不仅只有人类，它对植物造成的损害会使收成减少、海里的浮游生物死亡，从而再次释放出二氧化碳加速温室效应。如果臭氧层减少 20%，那么紫外线的强度会大到让人在没有做防护措施的情况下，无法在室外逗留超过两个小时。

今天，保护气候和环境的意识抬头，可再生的原料——木材——越来越受到人们的重视，因此人们也愈发愿意使用这种材料。但是就算是木材也需要防晒，否则它的表面会产生裂纹。此外，紫外线会让木材中一种重要的组成部分——木质素——产生光化学反应，转化为一种水溶性物质，一下雨就会被雨水冲走。

大部分化学工厂都生产能保护木材的产品。人们不断地从颜料、防腐剂、黏合剂等成分中，研发出更好的产品并将其投放市场。如果未来在德国的纬度上日照时间增长，那么这一需求还会上升。当然了，太阳光也会与塑料和纺织品发生反应，就像它和其他有机原料反应一样，也会使其褪色。

最重要的天气防护措施其实应当是防止材料受潮。如果水渗入材料里，遇上了炎热或严寒天气时，就会对材料产生严重的破坏。就算是钢筋混凝土也不能幸免，所以整修那些数十年前兴修的桥梁时，会耗费上百万元。任何形式的上漆、涂防护层或者加盖，首先都是一种防护天气的措施——这项业务在全球价值超过十亿美元。

用高科技面料抵挡天气侵害

19世纪的时候，挪威的船员就在他们的棉质衣服外涂上一层油漆颜料，以保护自己免受风和天气影响。这激发了海利·汉森（Helly Hansen）船长于1875产生一个想法，他立即决定制作能防风雨的夹克衫和裤子。他发明了第一件海员防水服，今天称之为"东弗里西亚貂皮"（Ostfriesennerz）。自那以后起，在防风雨的服装领域就不断有新成果面世，化学工业总会不断研发出新的合成材料，以满足顾客的特殊

要求。

这种服装最大的买家并非工作上有需要的人，而是休闲运动的爱好者，他们希望能在任何天气都能从事户外活动。近年来，从事帆船运动、慢跑、登山、徒步旅行、骑自行车或滑雪的人数持续增加，2003年，德国人为体育活动总共支出为70亿欧元，其中大部分用于购买运动或健身服装，而且这一支出还有日益增加的趋势。

现代的运动服不只要求保护身体不受风吹雨淋，还要有排汗功能。它要轻便、有弹性，不能给人造成负担，也不能妨碍人的运动。因此，近来生产商开发出了全套的运动着装系列，也是可以理解的。

很多新款的户外或运动夹克都使用了薄膜技术，薄膜有一种特性，能将内部的水汽释放出来。人们在夹克的材料之间焊接上或附着上薄膜，这里置入的薄膜平均每平方厘米上有14亿个小孔，能让汗水排出。汗水以水蒸汽的形态能够穿过小孔，而打在衣服上的雨水比小孔大2万倍，因而只会在表面凝成水珠。

薄膜有两种类型，一种能防风，相对较薄，但在下大雨的时候湿气会从线的缝隙中透进去。另一种能防水，比防风的薄膜要厚一些、硬一些。除了在夹克中加入薄膜外，还有一种由微纤维制成的衣服。微纤维极轻便，但衣服纺织得很厚，这样雨水和风都无法穿透进去。

寻找能保护人类抵御极寒的材料时，科学家以北极熊的皮毛为样本进行研究，发现北极熊厚厚的皮毛上的每根毛都是中空的，中间的空心部分虽然只有 0.001 毫米，但能够隔绝寒冷。因此，人们也在用人造纤维仿造，比如使用聚酰胺（polyamid）或者聚酯纤维（polyester），这些合成纤维也基本上只有 0.015～0.020 毫米细，相当于北极熊皮毛中空部分的几倍，然后，人们将它加工纺织成能隔绝极低温度的纤维网，最后将它纺成线，或是缝合到被子、睡袋或者冲锋衣中。如果人们将线螺旋状加工而非锯齿形加工，那么还能额外在纤维与纤维之间留下空气缝隙，更利于保暖。

科技型纺织面料受到重视

在德国，中产阶级结构型纺织和服装工业是仅次于食品工业的最大的日常消费品行业。30 多年前，特别是受到国际因素的影响，这个产业也进入了结构化转型的过程，有约四分之三的企业倒闭，近五分之四的从业人员下岗。

纺织业占整个加工行业的销售额比重从 1970 年的 7.3%（205 亿欧元），萎缩至 2002 年的 1.8%（239 亿欧元），在这个时间段里，德国纺织和服装业也成功将其出口比例从 13% 增长到了约 75%。世界贸易中，德国出口的纺织品和服装名列第五位，排在德国之前的有中国、香港、意大利和美国。从纺织品和服装的进口额来看，德国仅次于美国和香港，排名第三。

香港已经逐渐发展成为流行商品的国际中转站，而德国

的纺织和服装工业则与其他如汽车、航空、航天、建筑行业、医药、环境科技，以及农业经济和防护服制造业一起，成为重要的供应产业。科技型纺织面料正是一项充满了前景的销售领域，现在此类产品群在德国纺织产品中所占比率已近40％，并使纺织工业更加独立于时尚产业之外，更加不容易受到不稳定的短期需求的影响。

乍看之下，我们一定不会觉得科技型纺织面料与天气会有多么紧密的联系，但若仔细观察就会清楚地发现，带有特殊性能和结构多样的科技型纺织面料，已经大幅度地取代了传统的原材料，而且在与环境相关的应用领域也已受到瞩目。如今，科技型纺织面料的应用领域被划分为十二块，其中，特别是农业技术、房屋建筑技术、土木工程技术和生态技术能够为特殊天气问题提供解决方案。

在农业技术领域的纺织面料，既有帮助作物早熟的产品，即让植物免受天气危害更快生长；也有所谓的遮光布，能抵挡强烈的日照。特别是在灌溉系统里，还有在修建水坑、粪池时，纺织品一向都有重要作用。

在房屋建筑技术领域，与天气相关的纺织面料用于楼房封顶或遮阳，都发挥了很大作用。在土木工程技术方面，其中海岸和河岸防御设施、排水系统可以应用到纺织材料外，科技型纺织面料也能应用在水或空气过滤或循环的利用过程中。现在，还有了纺织型薄膜材料，物理上它比玻璃透明度更高，这样在人们修建温室时，它也颇受青睐。

不管气候变化将会给世界不同地区带来什么后果，人们肯定会对科技型纺织面料加以利用，以降低气候对人类造成的损害。不论是防晒还是防雨，隔热还是御寒，又或者是储水还是隔水，科技型纺织面料与天气防护将会成为两个不可分割的概念。

汽车：机动性和保护气候的战场

汽车制造业不仅在德国，在其他很多高度工业化的国家都是一个重要产业，有着高销售额和高就业率。就今天来说，天气这个问题不仅对轿车设计意义重大，汽车周边形形色色的其他配件供应工业也致力于天气问题的研究，但这些都已经是老生常谈了。相反，保护气候和燃料消耗使用才在政治议事日程中占了头条。

中国汽车市场的发展

中国的发展让气候保护者们特别伤脑筋。现在，中国的汽车市场欣欣向荣，曾有预测说，在 2010 年以前中国将会上升为小轿车的第三大销售市场，中国全民普及轿车的时代将在 2015—2020 年之间才会到来，而今天中国的许多城市就已经是世界上尾气、灰尘污染最严重的城市了。在未来的几年里，中国的汽车驾驶员对燃料的需求持续上升，这将会对气候保护和原油市场带来什么样的后果，还没有人能够断言。

但是如果人们公认，美国和欧洲的汽车市场，是出于个人对机动性的追求和企业自身的利益而自主研发出了现有的动力学，那么，问题将是，中国在汽车的普及化过程中，可否跳过内燃机工艺这一阶段，放弃使用矿物燃料，而将重点一开始就放在使用氢气和燃料电池上呢？从气候保护角度看，这个想法非常诱人，但可能无法实现。驾驶者既不会为了世界气候着想而放弃汽车这种身份地位的象征，也不会将自己对机动性的愿望往后再推几十年。

这显然取决于将中国市场视为一大契机的汽车制造商们，他们是否决定冒险将现今的引擎技术发展革新，无论如何，中国的市场就在眼前。中国应该能够推行良好的模式，即推广电动轻便助力车和电动自行车。在中国，以汽油为燃料的摩托车，是空气污染的主要污染源，因此，从 1996 年起，在中国的很多大城市就已禁摩，如北京、上海。1997 年，电动两轮助力车还只卖出 1.5 万辆，但在 2002 年，中国的电动车销售已达 100 万辆。

如果可以在中国不使用电池，转而使用燃料电池，传动技术可能终将进入其发展历程中的崭新一页。但如果不把握这一次机会，人们就得有心理准备，目前中国的环境保护者预言"全人类的灾难"有一天将会成为现实。

对欧洲、美国的顾客来说，今天，价格、车辆的性能、安全性、可靠性，理所当然的还有设计因素，仍是决定消费者会购买哪款汽车的主要原因。如果考虑发动机类型，也只会看它的名气或者行车费用。顾客们肯定是不会考虑气候保护这个问题的。车辆能应付什么样的天气状况，这个问题看

上去也不怎么重要，虽然它的的确确与未来联系非常密切。

汽车发展与天气

回顾汽车发展史，最早的汽车不过是不需要马拉的马车，直至 20 世纪 50 年代，汽车上都还保留着马车时代的不少元件。马车的车型有很多种，有开放式的、有车顶篷可以向上翻起式的，还有封闭式的马车。但这些车型都有一个共同点：不管天气状况如何，驾驭马车的人本身必须露天而坐，理由很简单，他必须与车辆的动力装置——马——保持联系，才能驾驶马车，才能加速或者刹车。

这个理由在汽车上就不成立了。虽说也有很长一段时间，大多数轿车或者卡车司机还是得坐在无法遮风避雨的地方。1905 年，汽车挡风玻璃开始使用防裂安全玻璃，但是两侧的车窗还很罕见。

当时的车辆使用者们已经习惯于在什么天穿什么样的衣服，以保护自己免受天气影响。他们认为，汽车是用来开的，而不是让人感觉舒适的。特别是如果有人在 1965 年买了英国的路虎（Land Rover）Mk IIb 这种车型，还是会有相似的经历：就算门、窗、车顶都关好了，外面下雪时车内还会下小雪，如要安装暖气设备还需额外购买，但人们对此好像习以为常。而早在 1909 年，美国就已经提供配备有车内暖气的轿车了。

1912 年，凯迪拉克（Cadillac）生产了装有电灯照明的汽车。这当然主要是为了方便夜间开车，而不是为了在天气不好时开车。后来照明设备里又增加了雾灯和后雾灯，这才与天气有所关联。

汽车雨刮器的发展也是一样。1916年，人们造出了第一批有雨刮器的汽车，不过这种雨刷是靠人手动使用的。电动雨刮器在1921年才出现。对现代人而言，用先进的雨刷及清洗装置、前车窗和后视镜电热除雾装置，完全是理所当然的事。但是，天气推动了设计者解决驾驶员视线不佳的问题。挡风玻璃上到底是应该安装一根、两根甚至三根雨刷，到现今还有争论。

1926年，法国发明了全轮驱动系统，1940年，美国军方的一辆四轮驱动的多用吉普车投入使用。今日，人们在野外行驶选择四轮驱动的汽车，已经稀松平常，而这里面天气也常常扮演了一个决定性角色；但是，仍有很多生产商称，对于在一般道路上的行驶，四轮驱动还能提供额外的安全保证。

现如今，车内空调在德国车中，已经基本成为标准配置了，在未来，由于气候变化的原因，这将是一项绝对必要的投资。一个"冷静"的大脑更适合开车，天气热容易使人变得焦躁，但天气寒冷比炎热对驾驶员的挑战更大。所以，还必须周密考虑到汽车上的很多细节问题，特别是针对冬天天气的一系列问题，如汽车门锁不能冻住、油箱加热装置、汽化器和喷射泵的加热装置，或者座椅加热装置等。

汽车生产商很认真地对待天气因素给汽车带来的问题，

他们不只在北极的冬天，也在美国炙热的荒漠地区仔细地检测样车。因为室外的天气条件很难精准地复制，生产商们目前经常另选在所谓的"模拟气候室"进行测试。维也纳拥有世界上最大的这种测试场地之一，这个场地是一个 100 米长、5 米宽、6 米高的实验用隧道，这里不仅能对轿车进行测试，还能测试卡车、大客车和整列火车。

在这个隧道里，可以模拟各种天气，风速可达每小时 300 千米，模拟温度从－50～60℃。一个 40 万伏特的太阳能场可制造出极端的日晒情况，而制雪机则能制造出世界上所有种类的雪花，自然人们也能让隧道里下起赤道地区的暴雨。在这种模拟气候室里，首先要测试的是未来车型的舒适功能。除了车辆马力、暖气和空调设备外，还包括在极端恶劣天气条件下雨刮器的功能，或是在各种天气状况下，通风设备送出来的空气品质，以及高速行驶时门、窗的密闭性。

最后，各大厂牌的汽车还必须符合世界上所有顾客的意愿，这些意愿有时大相径庭。比如在中国，汽车高速开过路面坑洼或路缘石时，会损坏刹车片，人们大多希望厂家能免费提供相应的更换服务。而如果因为天气因素造成车子某些功能失灵，他们的期待又会高多少呢？

当然，如果纬度处于温带的人们，冬天也转为使用 M＋S 型轮胎，以替代夏季轮胎，那么轮胎工业将从中获得巨大的利润。但今天，还没有人想过按季节和天气来更换轮胎。现代的夏季轮胎是用一种耐高温、抓地性极好的材料制成，但还是不适合冬季行车，在 7℃ 时，夏季轮胎与路面的接触效果就会明显变差，轮胎的混合材质开始冻结，化合物产生化学分解，轮胎的损耗甚至能达到 20％。因此即便考虑经济因素，也应该购置冬季轮胎。

博世公司（Bosch）于 1982 年开发出第一套防抱死制动系统，可在紧急情况下刹车。今天的汽车能有这么高的安全性能，能在不利天气条件下驾驶自如，不仅是汽车制造业工程师们的功劳。在冬天，化学工业提供雨刮器清洗装置使用的防冻剂，而烤漆业也不再像以往那样将漆粉化，因为这并不能应对紫外线照射和极端天气的挑战。还有因潮湿的天气——如下雨、下雪和冬天路上撒的防滑盐——而引起的防锈问题，也已经得以完满解决。

保护气候：汽车行业面临的选择

早在 1973 年，美国的汽车便安装了第一批尾气净化器，10 年后，德国汽车也安装了这一设备。汽车尾气会污染空气、破坏气候，这在今天已成为税务制度的一环。2005 年 1 月 1 日，德国开始实施更加严格的"空气质量目标"。这可能会导致没有安装净化器的、以柴油为燃料的汽车通行受限。从 2010 年起，德国对一氧化氮的极值要求将更加严格，达到二级标准。首当其冲受到冲击的将会是城区和城市密集地区，这些地区迄今为止还没有对空气标准采取什么有效的措施。人们预计，未来德国将会学习伦敦，引进一个城市收费系统

（City-Maut），以控制空气污染的趋势。

天然气汽车是目前这些发动机燃料理念中较为实在的一个选择，而且经济上也十分合理。天然气汽车不像柴油汽车那样，会产生杂质问题，也明显比使用汽油的汽车排放的一氧化氮要少。另一种减少废气的方法，是使用目前还少有介绍的混合动力汽车，它是通过由内燃机和电动机组合而成的混合发动机实现传动的。经由电动机，一般情况下会损失掉的制动力现在可被利用起来为电池充电，因为刹车时的电动机有发电机的作用。这些电力可用来照明或起步，这样就减少了燃料消耗。目前正在生产或还处于研发阶段的混合动力车，可降低25％的燃料消耗和尾气排放量。

另一种未来能够在驾车的同时保护气候的方法，就是使用所谓的"另类燃料"，比如由天然气中提取出的合成燃料（SynFuel）。更好的当然是利用"可再生燃料"。燃烧生物质，即燃烧植物和生物型垃圾，而获得的燃料是碳中性的，因为以植物为原料，它在成长中首先会吸收固定大气中的二氧化碳，而一经燃烧，这些二氧化碳又会释放回空气中。生物质燃料又被称作"阳光燃料"（SunFuel），这一燃料为全球的农业国——尤其是中国——提供了新的经济前景。按欧盟的时间表，至2020年前，欧洲使用的生物质燃料将至少占燃料需求的8％，目前这一比例还只是1％。

以汽车为例，人们会清楚地发现，经济与天气之间联系的方方面面精确到了技术的细节，影响极其深远。

另外，在研究天气对汽车业的影响时，有一个不应忽视的重点——路面薄冰能给汽车维修场带来生意。如果没有冬天湿滑的天气和汽车追尾事故，整个行业将会很不景气。毕竟，现代汽车并不怎么需要保养，基本上一年只需要保养一次。在德国，冰雹灾害出现得愈发频繁，也愈加促进了新的服务业的发展，如移动式车身凹坑修复和喷漆工艺。

在未来，天气对消费者选购什么样的车的影响肯定还将增大。欧洲晴天增多，这不仅会增加车内空调的使用频率，也会增加敞篷车的销量，虽说人们可能不会每天都选择敞篷开车，但一年中大部分时间都可以。除此以外，气候保护措施的实施会使汽油价格继续上升，使得城市居民尽量选择短途交通工具，也就是说，轿车以纯客运目的作用将会减少，人们更多的是在业余休闲活动时使用轿车。

另一方面，异常天气情况的增多，也促进了对四轮驱动的多功能汽车需求的增长，这种汽车正好也是定位在越野休闲功能上。未来欧洲天气的发展，虽然不会减少汽车的数量，但是会改变人们使用汽车的方式，汽车又会重新从日用品变成奢华和富裕的象征。

天气决定人们的休闲活动

节日和公园——被低估的经济领域

许多人都认为，民间节日只是自己城市一项暂时性的活动，而休闲性公园也只是夏天的一种小型季节性生意，于是，这个与天气密不可分的行业，就这样被人们大大低估了。无论如何，德国人热爱参加民间节日活动，这已经是他们最喜爱的休闲活动之一。在德国，每年大约有 1.4 万个民间节日，2000 年，大约有 1.7 亿人次参加相关活动。2003 年，汉堡秋季市场（Hamburger Herbstdom）吸引了 53 万参观者，比 2002 年多出 10 万人次。

世界上最大的年节市场是慕尼黑的啤酒节（Münchner Oktoberfest），2003 年，它接待了 630 万人次，比上一年多出 40 万。如果人们能注意到啤酒节也为慕尼黑提供了 1.2 万个工位岗位，就会明白啤酒节的经济意义不仅仅有关啤酒销量。远到而来的客人每年在住宿上的消费就超过了 3 亿欧元，此外还有在餐饮、购物、出租车、公交车和地铁上的花费，达 2.05 亿欧元。

城市和社区也因为民间节日而获利。2000 年，工资、收入所得税、工商税的收入约 8 700 万欧元，另外还有摊位费收入 7 100 万欧元。

德国最大的休闲游乐园是位于佛莱堡市（Freiburg）附近鲁斯特（Rust）的欧洲公园（Europapark），2003 年接待游客数达 330 万。为了服务这些游客，园方需要 2 500 名季节性工作人员。整个欧洲有 150 所左右经营方向不同的公园。从动物园，到如明希哈根（Münchehagen）露天恐龙博物馆这样的主题公园，再到有过山车这种固定游乐设施的游乐场等。

2004 年的夏天过于湿冷，休闲公园和动物园都遭受了很大的损失，特别是整个春天阴雨不断，让经营者们十分苦恼。但在未来，一旦出现"破纪录的高温"，也将影响到游客数量，因为和下雨天一样，气温太高也会使大家尽量避免在户外活动。

当然大家会首先关注德国的休闲娱乐设施，但是目前世界各地都有休闲公园，有的规模甚至极为可观，迪斯尼乐园就是其中规模最大的之一。1998 年就有报道，厄尔尼诺现象致使该公司股价下跌，因为当时气温过高使得游客数量大幅减少。

逛街购物是一项国际性休闲娱乐

今天，对大多数人来说，买东西和逛街购物是两码事。

买东西是指以尽可能理智的方式挑选便宜的商品，以满足对日常必需品的需求。而相反，逛街购物是集娱乐、休闲活动和尽情满足消费欲望的三位一体的休闲方式。人们在逛街购物时，愿意花钱，有时还愿意花很多钱。难怪英文里所说的购物中心（Shopping Center 或 Shopping Mall）在全世界都备受青睐。

不管这些购物中心是在美国、科威特、香港或者巴黎，它们都能满足不同地区甚至不同国家顾客的需求和愿望，并且他们有一点是相同的——这儿有大量极不同的商店，也有不同的餐厅、电影院，甚至健身中心。重要的就是，所有这些店都在同一个建筑里。因为购物中心希望能为顾客提供各种各样的选择，也希望顾客购物能不受天气的影响。商家提供便利的公交换乘和舒适的大型停车场等配套设施，可以让顾客没有后顾之忧地享受购物的乐趣。

购物中心于 1930 年就在美国兴起，全美现在有 4.3 万个购物中心，占零售总贸易额的 55％。美国的购物中心可能是为它的顾客模拟一种"市中心式"的购物环境，这多是模仿欧洲，因为美国并没有像欧洲城市老城区那样的概念和形式。

德国第一家购物中心是位于法兰克福周边的苏尔茨巴赫（Sulzbach）的美因·陶努斯中心（Main-Taunus-Zentrum），于 1964 年开业。直到今天，它都还是德国最大的购物中心，特别是于 2004 年秋天扩建之后，规模超过了波鸿（Bochum）的鲁尔公园购物中心（Ruhr-Park Einkaufszentrum）。另一个达到顶级规模的竞争对手是奥伯豪森（Oberhausen）的中央购物商场（CentrO）。

今天，为了吸引更多的顾客，商场需要多大的资金投入，从柏林 2004 年隆重重张的卡迪威百货公司（KaDeWe）便能看出。数千光源产生了巨大的热量，加上人流散发出的热量，卡迪威必须全年开着空调，正因为此，店方在屋顶上额外安装了高功率的冷却机。这部重 10 吨、长 11 米的冷却机组可提供相当于 2 400 台家用冰箱的冷却效果。

田纳西州纳什威尔市（Nashville）的欧普蕾·米尔斯大型购物商场（Opry Mills Shopping Mall）在 4 000 平方米的面积里拥有 200 多家商铺，是美国赢利最高的购物中心。当然和世界上其他地方一样，那里每年销售额最高的时间也是圣诞节前期，那段时间里让人们能不受天气的影响购物，显得尤为重要。在美国，从感恩节后第一天开始，也就是在每年 11 月的第四个星期四结束后，圣诞节的商战便吹响了号角，这个"黑色星期五"是每年营业额能否破纪录的一个关键。

加拿大多伦多的地下购物中心（Shopping Center Toronto Underground）则如同一个自给自足的小城市，这儿能不受天气影响购物的意义格外不同，因为在多伦多，夏天极热，冬天极冷。多伦多地下商城包括数个楼层和层面，有的在地下，有的在地上，绵延数千米，各个部分通过传送带和地铁站相连接。起初这里是好几家单独的购物中心，但后来这几家商场进行联合，实现了同一屋檐下的共同发展。

自行车工业需要晴朗的夏季，游戏市场需要糟糕的夏季

世界上最大的社交游戏市场在德国，每年德国都会有350～400种新型桌游上市。2003年，桌游和拼图游戏行业销售额约为3亿欧元。但是电脑游戏和电玩游戏市场还要大得多，单是全球游戏业巨头、美国的游戏制造商艺电公司（Electronic Arts）一家的销售额就有约30亿美元。不管是电脑游戏还是社交桌游的供应商，都得益于坏天气。"一个多雨的夏天当然能帮我们大忙"，卡尔斯鲁厄（Karlsruhe）的CDV游戏软件供应商克里斯多夫·苏林（Christoph Syring）如此说道。

与此正好相反的是自行车市场。干燥、温暖的夏天是自行车厂商和商家最重要的成功因素之一，因此，2003年破纪录的炎夏也给德国的自行车市场带来了破纪录的销售成果。2003年自行车销售数量与上年相比增加了25万辆，达到490万辆，行业总销售额达17亿欧元。"自行车店就像冰淇淋店一样"，一位自行车商家说道。晴天多，生意就好。这个商家在2003年卖出了比2002年多5%～10%的自行车。

将来的气候变迁会给这两个行业带来何种影响，现在还无法计算。如果未来中欧的夏天会热到必须停止进行户外体育活动，那么自行车工业也必将受到不利影响，但这对游戏市场却是利好消息，因为那时，人们更喜欢待在阴凉的地方或者是空调房间里。同时，如果冬天更温暖，这又为人们骑自行车创造了新的动机。总体而言，这两个行业是室内和户外活动领域的代表，天气对这些活动的发展影响有限，而把这些业余娱乐放在一处进行的话，到底值不值得，技术上的可行性又如何，这时天气的影响力对它们的发展才是决定性的。

比如说，在工业化国家，大家都知道，游泳馆全年都能游泳，在室内溜冰场溜冰也是一样不受天气影响。但是室内滑雪就是例外了，同样，室内攀岩也还很少见。

但是，严格规划的体育中心越建越大也不是不可能，而且它还能为人们提供更多的活动项目。人们练习高尔夫球开球要跟另外几百个人一起练习，这在当今的日本已经是司空见惯的事情，但是那里这种精心设计的高尔夫练习场地的出现，并不是出于天气考虑，而是因为在日本，特别是在城市地区，高尔夫球手太多而场地太少。

长途旅行与气候保护

直到 2000 年，旅游业都是全球生命力最强的经济部门之一。但是由于经济衰退，2001 年上半年，在美国、德国和日本率先出现了萧条倾向之后，"9.11"恐怖袭击更是使整个旅游行业行情暴跌不止。

联合国世界旅游组织（World Tourism Organization, WTO*）的数据显示，2003 年全球出境游客总数回升了 1.2%，

---

* 现简称为 UNWTO。

共 6.94 亿人次，加上国内游和多次出游游客人次，估计达 55
亿。出境游旅游业预计共支出为 4 850 亿美元，旅游业总支
出为 3.9 万亿美元，占全球国民生产总值的 12%。而根据经
济合作与发展组织的报告，包括酒店业、饮食业等在内，旅
游业共创造了 2.4 亿个工作岗位，占全球就业总量的 12%。
因此，旅游业活动可谓是世界上最重要的经济活动之一。

2003 年，大约 75% 的出国旅游始发地是西方工业国，
55% 的出境游消费由欧洲人支出。同时，欧洲也是游客最多
的大洲，全球出境旅游的 6.94 亿人次中，有 4.015 亿人次是
以欧洲为目的地的，也就是占总人数的 57.8%。去亚洲的外
国游客总数为 1.191 亿人次，这比 2002 下降了 9.3%，主要
是由于 SARS 病毒横行造成，赴东亚和东南亚的人数甚至减
少了 15.4%。还有 1.124 亿人次的外国人前往美国旅行，去
非洲的人数为 3 050 万，去中东的有 3 040 万人次。

2003 年，德国人出境共消费了 525 亿欧元（不含吃喝），
比上一年减少 5.5%，如果包含餐饮，则为 564 亿欧元。
4 950 万德国人的旅行最少持续 5 天，平均旅行时间达 12.8
天，33% 的旅行是国内游。出国游的目的国中，最多的是西
班牙，其次是意大利、奥地利、土耳其和希腊。长途旅行占
出行总数的比例从 5.3% 下降到 5.1%，这其中最受欢迎的旅
游目的地是美国和加拿大，其次是埃及。

在德国的整个旅游业中，飞机是最重要的交通工具，尽
管去奥地利和意大利人们还是更多选择开车或乘坐火车，但

现在已经没有人会像作家海因里希·波尔（Heinrich Böll）
在 50 年代那样，坐火车去爱尔兰度假。大型航空公司受到廉
价航空公司的竞争压力，也相应推出特惠票价争夺顾客。这
些公司尝试说服度假者们，短途出行也尽量选择飞机，这样
就算是去世界上最遥远的角落，也只需要几天就能成行。但
是这样做却会破坏气候，比如"Atmosfair"这个自发性民间
组织就抵制航空公司的这种政策。

这个组织是由"另类旅行论坛"（forum anders reisen）
和环境、发展组织"守望德国"（German Watch）建立的，
他们的工作也受到德国环境部的支持。该组织帮助不能或不
想放弃乘坐飞机出行的人们"买"安心，这就像一种现代版
的赎罪券买卖，每个上飞机的人都知道，自己参与制造了温
室气体，对他人造成了危害，所以"Atmosfair"就提供给他
们机会，自愿让乘客为自己造成的气候危害买单，而筹集到
的款项将被用来资助发展中国家的节能工程。这一组织会计
算出每人造成的排放量，在他们的网站上还有一个特殊的排
放量计算器供人使用。*

比如说，从法兰克福坐飞机飞往香港购物的人，他制造
出的二氧化碳有 6.3 吨，这相当于他在德国开车三年所排放
的尾气。为了弥补这一行为对气候造成的负担，他应该为气
候保护项目支付 113 欧元。如果是从德国飞往埃及，自然可

---

* www.atmosfair.com

以少付很多，因为只排放了 1.2 吨二氧化碳。如果人们是在法兰克福的"国际特快旅行"（Express Travel International, ETI）旅行社订票的话，还能额外购买"我的气候票"（my climate ticket），便能清偿个人对气候变化造成影响的费用，这需要额外支付 27 欧元。

如果联邦政府能将这项气候保护捐款变成每个人的义务，这也是一个不错的想法。人们乘坐廉价航空公司飞机时省下的钱，足以立即补上气候损害的花费。但这一规定并不是那么容易便能得到人们的支持的，因为这毕竟会给那些拥有很多业余时间、收入稳定的潜在选民们造成负担。目前看来，政客们还是更喜欢支持那些自发性团体，以此蒙混过关，而不是将他们宣传的目标变成活生生的现实。

2004 年 7 月，德国自由民主党（FDP）国会负责人艾恩斯特·博格巴赫（Ernst Burgbacher）向联邦政府质询，政府是否在气候保护方面以身作则，是否为经常搭乘飞机的部长们支付了相应的补偿费用。答案是否定的。受到德国预算法的规定限制，各政府部门不允许捐款。为什么这些限制不被取消，让官方的气候政策与官员自身行为相统一，就不得而知了。

冬季运动需要下雪

想去欧洲阿尔卑斯山滑雪的人，必须到海拔高的地方，也必须做好价格越来越贵的心理准备。苏黎世大学经济地理学教授鲁尔夫·波尔基（Rolf Bürki）说，15 年前，欧洲还公认海拔 1 200 米以上的地区一定能够滑雪，但现在这个门槛已经升到了 1 500 米。这样一来，瑞士的 230 个滑雪区就只有 63％面积的雪的厚度令人满意。波尔基指出，1981—2000年，1 500 米以下山区的存雪厚度急剧下降，这一点也能通过统计数据得到证实。他预计，到 2030 年，这一门槛还将提高到 1 800 米，也就是瑞士滑雪区只有 44％的区域可以滑雪了。

在这种发展形势下，大型滑雪度假场所的经营者们看到了他们的机遇。他们改进并扩展了项目，这当然也对滑雪者意味着更高的价格。法国的阿尔卑斯公司（Compagnie des Alpes）每年都将乘坐电梯和缆车的价格提高 2.5％～3％。比如，在 2004—2005 年滑雪旺季，夏木尼（Chamonix）的成人一日通行票卖价 43 欧元。公司声称涨价是由于服务改善了，缆车更快，制雪机更多，斜坡上的滑雪道的准备工作也更完善了。

阿尔卑斯公司目前参与了 14 个滑雪区的运营，其中包括瑞士的萨斯费（Saas-Fee）、意大利的库马耶（Courmayeur）和法国的夏木尼。在 1990—2002 年期间，这家公司每年都会举行一次招揽顾客的宣传活动，现在他们想投资瑞士中部的滑雪区，那里海拔超过 1 500 米。

但中小型滑雪度假区很难跟得上大型度假区的步伐，因为要用人造雪准备 1 千米的滑雪赛道，需要投资大约 60 万美元购置制雪机，平均每个季节每条斜坡道的运营成本共计 3

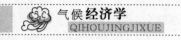

万美元。虽然看上去人造雪和天然的雪一样白，但两者有区别，虽然人造雪也是由水和空气组成的，人造雪却有着不同于天然雪的特性，因为在加工人造雪前，水没有被汽化、蒸馏，而是含有原水源内的天然矿物质。总体来看，人造雪的密度更大，因此能比天然雪多维持两周的时间，这也给滑雪度假区带来了特别的优势。30厘米厚的人造雪对其下方植被的保护作用，相当于一米厚的天然雪。

有两种不同的制雪机可以造出人造雪，一种是约11米长的高压喷式制雪机，通常架设在较高的位置，固定在滑雪道旁，需要输送水和气压。另一种使用机动性较强、管子更短更粗的是低压涡轮式制雪机，最远能将雪抛到50米远，它不需要压缩空气，只需要水和电。

制雪机里，水通过极细的喷管喷洒出来，之后遇到与环境温度相同的冷空气便会凝结成冰晶，在美国、法国、意大利和部分瑞士地区将杀死的细菌作为凝结核，这样周围的气温就不需要像德国和奥地利那么低了，因为在这两个国家不允许使用这种生物质凝结核，因此只能在气温低于−4℃时才能造雪。

奥地利最大的冬季运动场怀尔德·凯瑟滑雪世界（Skiwelt am Wilden Kaiser）目前的250千米滑雪坡道已经有160千米是人造雪道，它由350架联网的制雪机制造而成。但光是制雪机还是不够的，还需要有相应的自来水管供水，这些水管要保证水不能被冻住，因此至少要埋入地下1米深，再加上周围还要有足够大的贮水池供应，才能在天气配合的情况下，任何时间都能造出雪来。1立方米雪的成本（除去投资费用）大约是0.85欧元。

德国巴伐利亚州迄今为止仍只有略微超过11%的滑雪斜坡是用人造雪制成，这是因为德国批准审查过程非常严格。政府仍然认为，人造雪对植被、气候和空气质量会有负面影响。但如今已经可以明确论证事实并非如此，人们甚至可以使用新设备，将噪音降低到可以忍受的程度。替代人造雪的选择多种多样，例如全天候雪橇滑道，这种运动全年都能进行。但是它肯定不能传递一种东西，就是这种真实的"冬天感觉"。

自然的威力比恐怖分子更让人恐惧

虽然2004年12月26日亚洲发生了海啸灾难，德国旅游业者的预估并没有受此影响，他们仍认为业内增长还将持续。即使不包括流行病和恐怖袭击因素，旅游业现在已经对自然力免疫性很高，行业内的看法仍认为，想去海边玩的游客会明显减少，主要原因首先是媒体上充斥了对灾害广泛和深入的报道。那些度假者们在海边的遭遇和游客拍摄的视频景象，并不像一次性的恐怖袭击那样，很容易就能被旅游业的顾客所遗忘。

不管怎样，迄今为止德国的大型旅游集团公司的南亚、东南亚的业务只占其总营业额的1%～2%，而且也没人会相

信，人类从此完全放弃旅游这一活动。他们只是会另选目的地，比如加勒比海地区，那里虽然每年都会有飓风来袭，只不过飓风不会在旅游旺季出现。当游客到达的时候，大部分设施都已修缮完毕，在圣诞节时节，加勒比地区的游客能享受到绝佳的天气条件、28℃的海水和晴朗的蓝天。

同样的，游客们也会继续去地中海沿岸度假，即使他们知道，这里也有发生海啸灾害的可能。正因为近代以来再也没出现过这种灾害，所以旅游业者也不难让顾客放弃那样的猜想。

2004年，在东南亚灾区有50多万德国游客逗留，即使他们不去那儿，也不会对这一度假胜地的未来与生存造成什么决定性的影响。2004年到亚洲地区旅行的人就占了全球外出旅行游客的37％，增长率最高。毕竟还有2 700万亚洲人在自己的大洲内旅行，几乎相当于全世界参加旅游团出国旅行总人数的一半。

因为气候变化，欧洲的天气条件越来越宜人，而亚洲的极端天气情况出现得越来越频繁，那么，"美好的古欧洲"将成为亚洲的休闲"后花园"这一设想，也就显得越来越真实了。

易受天气影响的建筑业：
仍在昨天与明天之间徘徊

　　人类建造房屋的初衷是为了保护自己免受寒冷、炎热或潮湿等天气状况的困扰，建造者的工作便是根据不同的情况研究出正确的解决方案，并使用合适的原料建造房屋。如今，无论是技术还是材料，都比以往的选择多出太多了。但德国的建筑业至少在当地、地区或者国内市场的活动中，相对都比较保守，只有在国际业务上采取了一些先进的、以未来为导向的解决方案。这一方面是由德国顾客的要求决定的，另一方面也与德国严格的建筑规定有关，这些规定阻碍了每个创新的可能性。

　　现在的建筑不仅涵盖了单户住宅、多户住宅、写字楼、公共建筑、工厂厂房或对原料进行预加工和加工的设备，还有桥梁、隧道、高速公路、港口和机场的建造，所有这些楼房和建筑都必须至少能承受住几十年风雨的侵袭。所以，现在就注意未来天气的走势，是非常重要的。

　　人类会非常显著地影响到当地和地区天气的特点，这一点已经众所周知，却常被人遗忘。以雾都著称于世的伦敦如

今早已难符其名,因为几千座对雾的形成起决定性作用的烟囱已经不再冒烟;自从工业设备开始过滤废气后,德国鲁尔区(Ruhrgebiet)现在又有了阳光;在装配了新式工业设备、私人家庭不再只使用褐煤取暖后,前东德的很多城市空气质量也得到了明显改善。

自从机动车燃料中硫的含量降低,所有汽车必须加装汽车尾气催化净化器以来,酸雨这个问题也几乎不再被公众提起。酸雨破坏的不仅有德国的森林,还有一切具有特殊文化意义的建筑,比如科隆大教堂等,也深受其害。

只有在国家法令的基础上提高对建筑物隔热问题的关注,并限制某些时候暖气使用的必要性,德国才真的有理由让人相信,能够随之减少本国二氧化碳的排放量。

对房屋进行节能改造一直拥有潜力无穷的市场。德国现有居住面积的四分之三,即 2 700 万套住宅,兴建于 1977 年第一部热防护规定颁布之前。2004 年 12 月初,德国联邦环境部长约根·特里廷(Jürgen Trittin)在全国范围的宣传活动"气候寻求保护"的开幕式上曾指出:"我们希望能在建筑、私人家庭和交通领域,为充分挖掘二氧化碳减排潜力作出贡献。我们需要切实地推动建筑物整修!"目前就这方面而言,保护未来气候和天气,是建造者的直接任务。

怎样才能建造节能型房屋,这门学问早已存在。但只要法律没有硬性规定,能源价格低廉,至少是比建筑上的节能措施要便宜,人们便觉得没有必要建这样的房子。

建筑物密集的城市，甚至只要有够大的建筑物在城里，都会对当地的气候造成影响。风遇到某些形式的大楼可能会变成风暴，而降水和蒸发的相互作用也会受到城市的影响。

建筑行业在大部分国家都是一个重要的经济要素，它为全世界提供了无数的工作岗位，并促进投资和生产，同时它却也强烈地受到天气的左右，至少那些用传统方式执行的建筑计划是如此。世界各地的建造者都设法使建筑免受天气的影响，这种想法也因地域不同而有着不一样的发展。

预制装配式房屋进军市场

在德国盖房子一直很贵，而且绝对比例如荷兰或丹麦的这些邻国更贵。一幢同样大小和品质的房屋，德国人必须比那些邻国的居民多付 70％～130％ 的费用。

用传统的建造方式，需要雇用很多不同专业的行家，而在德国，仅协调这些行家的费用大约就占了总费用的 20％，如果人们跳过这一阶段，使用预制的房屋构件来建房，那么花费将减少很多。如果房屋建造的主要阶段都是在室内进行的，那么也就是说，如夏天天气对粉刷墙壁的影响，或者天寒地冻的冬天让房屋建造工作陷入停滞，都根本不成问题了。

预制的房屋组件可由混凝土或者木质原料制成，当然钢制原料也非常适合将预制构件快速精确地接合起来。建筑构

件的预制件将原本的建造时间缩短了 30％～50％，也因此节省了最高达 30％的建造成本，再算上省略掉的协调费用，那么节省的建筑成本就达到了 50％。使用预制构件的优势，并不仅是安装元件都已在墙壁上安好，连阳台、楼梯甚至整间浴室都可以事先做好。

2003 年，德国的预制房屋建造业营业额上升了 7％，入账达 15 亿欧元，这样一来，已经有 13％的单户和双户住宅在工厂里就能制造出来，完全可以不受天气的影响。但这一比率仍明显落后于美国、日本和斯堪的纳维亚半岛各国，这些国家的单户和双户住宅目前已有 85％～90％是通过工业预制完成的，在施工现场只是组装起来了而已。

另外，丰田公司（Toyota）并不只生产汽车，也生产房屋。它的预制房屋工厂里随时准备好了 35 万组单独的部件，每个顾客都能用它们来组装成自己想要的房屋。正因为几乎一切都在工厂里事先做好了，所以建造一栋房屋用不着几天或者几周，而仅需 4～6 个小时的时间。

玻璃暖房：
纯粹追求奢侈的舒适室温

冬天的玻璃暖房在德国越来越受到欢迎，它最诱人的地方就是，即使刮风或下雨，也能到"外面"坐坐。每年德国大约能卖出 3 万座这种玻璃的附属侧房，每间的价格从 2.5 万欧元起跳，且没有上限。平均一间玻璃暖房的面积只有 15 平方米，但是它的构造却需要投入高科技技术，虽然这基本上从完工后的表面上看不出来，但是却能从玻璃暖房的功能上反映出来。

基于静力学和隔热技术上的原因，玻璃暖房的地基必须深入地下至少 80 厘米。地板一方面可以作为蓄热器，避免室温的波动，另一方面也必须隔绝升高的湿气。而对于玻璃墙面和玻璃屋顶的布置，还有严格细致的规定。

玻璃暖房应该朝向哪个方位，与每个人对它不同的功能定位有关。如果是想当书房用，那么向东或向北朝向应为最佳。除此之外，它还可以被拿来当作整幢房子的温度缓冲区，能够节省能源。如果玻璃暖房朝南或朝西，那么不仅需要花费大量钱财来购买防晒设备，也要配备一个功能良好的通风设备，因为在这样一座"温室"里，气温很容易就能上升到 60℃。防晒设备可以安装在外墙上，但这样就必须承受各种天气状况的侵袭；而若是安装在内墙的话，它的功效就没有那么强大了。

就通风设备来说，至少要将 20％的窗户完全打开，除此之外，与广泛认同的观点相反，总体来说，玻璃的面积大小只取决于审美和空调技术原因。如果遇上长时间不出太阳的天气，那么一个完美的玻璃暖房当然还需要良好的暖气设备。

当希望在家里享受更多的光线和阳光，却不满足于一座

普通房屋的光线时，人们发现想掌握天气，做到面面俱到，事实上是多么的困难，玻璃暖房这个例子便很好地说明这一点。17和18世纪在上流社会流行开来的玻璃花房建筑，其目的是为了在德国这一纬度上也能栽培异国的花草，建造玻璃暖房的想法便是缘于此。

摩天大楼：
高度不是问题，风才是关键

德国规定凡顶层有房间、高于地面22米的楼房就是高楼。22米并不高，这一标准是由消防梯的活动半径决定的。凡是高于这一标准的，必须要符合特殊的安全要求。

但真正给人留下深刻印象的大楼，至少比上文说的高度要高上20倍，毕竟它们不光是为实用而建，还夹杂着其他的目的，比如展示威望。它们不仅是权力、科技进步的标志，在亚洲它们也是精神的象征。近年来，美国已经基本没有了对"世界第一高楼"的竞争热情，而欧洲从来就对盖摩天大楼没有特别大的野心，这两个地区仍然更看中建筑的质量，而不是建筑的大小高矮。

亚洲则完全不同。摩天大楼被视为科技能力、经济实力的外在标志，展现了城市和国家的形象。只有能建成高塔俯瞰世界的人，才能真正感觉到自己在竞争对手面前占有的压倒性优势。很明显现在没有人想认输，因为近年来，在建或者至少目前在规划的摩天大楼数目，从没像现在这样增加得那么快。

2001 年纽约世贸中心大楼倒塌的灾难，影响了那时在建、或处于规划中的摩天大楼，这就要求建造者们为所有人作出更为周密安全的考量。现在人们坚信，即使发生在较高的楼层被客机袭击后起火燃烧的灾难，任意一幢这样的高楼也都能承受得住。建筑师和建造者们更担心的反而是来自大气的影响，它会一直对这些高楼产生水平方向上的负荷。

建造大楼最大的问题并不是用现有的科技手段将它盖得更高，而是如何解决风、风暴、飓风，当然也包括地震带来的问题。但地震在时间上只是一时的威胁，它和风不同，地震摇动的是房子的地基，用不同的方式作用于房屋本身。同时建造大楼的时候也必须考虑到风的因素。

大风就能导致高楼前后摇晃，这虽然不会影响它的稳固性，却会让在较高楼层的人们无法工作或居住。如果水平上的加速度太大，里面的人就会有晕船的现象，传统的建筑技术几乎无法解决这个问题，而今天的超高塔（Hyper Tower）更是对此束手无策。

以 1977 年完工的纽约花旗银行总部（Citicorp Center）大楼为例，便能看出这一点。虽然这幢大楼"只有"279 米高，共 59 层，但是起风的时候，顶楼摇晃得没有人能忍受得了。事后补救措施是装上一个 400 吨重的共振阻尼器，它可以消除大楼顶部约 50％的摇摆幅度。如今这种阻尼器已经成

为所有新建摩天大楼的标准配置了。

但问题不仅在于令建筑师头疼的摇晃，这些楼也不能在风力的作用下被吹倒。在吉隆坡，人们就必须考虑到风速达每秒 70 米的台风，当地的双子塔（Petronas Tower）建筑立面每平方米就承受了最高达 350 千克的力，确切地说这相当于一辆现代的轻型车与一块普通长宽各一米的窗户相撞时产生的力量。

2005 年，世界最高楼是 2004 年完工的台湾 508 米高的台北 101 大楼，但人们预计，这座大楼的领先地位也保持不了太久。过去并不是这样，纽约 1931 年建成的 381 米高的帝国大厦将世界最高楼的纪录保持了 40 多年，直到 1972 年才被同样建于纽约的 417 米高的世贸中心大楼所超过，但 1974 年，这一纪录又被高出 25 米位于芝加哥的西尔斯大厦（Sears Tower，高 442 米）刷新。1997 年，马来西亚吉隆坡的双子塔又再次以 10 米的优势超出。

台北 101 大楼造价 15 亿欧元，其中大部分投资用于工艺上，目的在于将它建成世界上最安全的摩天大楼。这座大厦坐落在地质松软的盆地地带，在地下 60 米才有岩石层，因此，单是地基就使用了 550 根钢墩，并打进地面 80 米深，在外侧则使用 8 根 2.5 米乘以 3 米粗的巨型钢柱来稳固大楼，这些柱子每根都是用约 2.5 万立方米最重的混凝土灌制而成的。

为了减少大楼的摇摆程度，施工单位在第 88 和 92 层之间，在一根 1.5 吨重的钢索上安装了一个重达 660 吨的钢球，为了防止这个钢球像破碎球那样猛地撞向墙壁，还用了 8 个液压缸作为弹簧系统，以后还会把钢球镀成金色，吸引游客观光。在别的高楼里，有的还会装置超大型水槽作为阻尼器。

台北 101 大楼的名字来自楼层数目，建筑上它以每八层为一个结构单元，这样做的理由很简单：八是中国的吉祥数字。但不要苛求会有人真的敢长时间地待在最高的几层楼上，所以整幢大楼的技术设备都设在最顶楼，而观景平台和饭店在 91 楼，再往上就不开放了。

目前正在规划的、更高的大楼却与 101 大楼有所不同。上海环球金融中心虽然也是 101 层高，却高 492 米，还是比现在的最高楼矮了一点点。在这栋 2007 年完工的大楼里，顶层将会开设一家六星级酒店，这家酒店将为客人提供世界上最高的床榻。

上海环球金融中心特殊的标志，是顶楼的深 50 米的圆洞，那儿将会搭设一个观景桥，而同样将在 2007 年完工的香港联合广场（United Square）的第七期工程——环球贸易广场，也有同样的规划。它也不是世界上最高的建筑，共有108 层，顶层上甚至还将开设一家七星级酒店。

不仅在东南亚，人们竞相打破世界第一高楼的纪录，在阿拉伯联合酋长国的迪拜，人们也同样如此。那里建成的迪

拜塔*（Burj Dubai）将是世界上最高的建筑。这一规划最初出自芝加哥的一家建筑师事务所，承建方是韩国三星公司，联合承建商还有比利时专门从事高楼建筑的公司贝塞克斯（Besix）以及迪拜的建筑公司阿拉伯泰克（Arabtec）。这座塔将有约200层楼高，高度一定会超过世界上任何其他建筑，目前人们估计它的楼高将达560米，当然最后是否还会将楼高再增加若干米，将取决于竞争对手们的高度。投资者们希望能够保证他们投资的大楼一定是世界第一高，而不是第二或第三。

这座大楼低层外墙将厚达1.5米，墙面成拱形，以尽可能地削弱风力的作用。这样，这座新大楼一定有可能会与目前世界上唯一的七星级酒店——阿拉伯塔**（Burj Al Arab Tower）一样，同是采用高科技膜结构的建筑。

帆船酒店有56层，楼高321米，仅比帝国大厦矮60米。在它三角形的平面上，共有210间套房，其中最小的套房面积为450平方米。整栋建筑以V字形向一侧展开，这一侧有高达180米的正厅，这个正厅的4 500平方米巨大的外墙立面用塑料薄膜与外部相连。这个材料是高楼建筑行业研究出的新技术，每平方米这种薄膜的重量仅为1千克，是相同面积下玻璃重量的1‰，而价格比玻璃还少四分之一，1毫米厚的薄膜却是钢筋的抗拉伸性能的四倍。膜结构也经常被用来作

---

* 现译哈里法塔。

** 又称帆船酒店。

体育场的顶棚。

这种合成纺织原料不仅能承受高负荷，还特别能抵挡风雨的侵袭，且抗灰尘能力强，几乎没有什么东西能在它表面附着。除此以外纺织建筑材料还给仿生学建筑提供了机会，也就是说，人们可以将生物工艺学知识运用到建筑构造原理上来，同时注重建筑的构造和材料运用这两个方面。

高楼的采暖没有问题，问题在于降温

在单户、多户住宅生活的人们已经习惯了，暖气费是房屋运转必要支出费用的大头，除非他们住的是低能耗房屋。但办公写字楼的情况正好相反，就算是在寒冷的冬天，供暖的热量需求也相对较小。原因是，在这种写字楼里，人的密度较大，而且每部电器设备都在释放热量。

大楼的外墙一般具有良好的隔热性能，因为一年中的大部分时间都需要抵挡阳光的热量，也因此能在冬天隔绝寒意。有一种为大楼制冷的可能性是，建造第二层房屋立面，这样在外墙和内墙之间空气能够循环流动，将热量带走。其他还有一些解决方案，如使用有色或涂层玻璃、安装遮阳叶片，后者能阻止阳光晒到楼内，减少入射阳光。

为高楼降温的另一种方法是使用管道，在天花板上安装管道，将冷水注入其中，利用水把热量带走。很多现代化大楼使用极为复杂的设备，这些设备将热量传递给地下水，以此在夜间产生冷气，到了冬天，再将这些热量重新收集回来。

在余热利用领域里，也有代价极为高昂的科技解决方法。在这种前提下，不仅在空调技术领域，在生产新式窗户玻璃方面，人类的创造力又达到了一个新的高度，这明显都是缘于天气，当然也是因为生活在德国这一纬度区域的人们，不想在高楼里自己的写字桌前被烤化了。

建筑技术的契机

基本上，房屋要按照能经受住极端天气状况这一标准而建造。我们目前所知的风暴、暴雨和冰雹，都在建造者和建筑技术的掌控之中。但逐渐变暖的气候趋势和未来年日照时间的增加，也给这些行业带来了新的风险，同时也带来了新的契机。

风险在于，按照德国一份法院判决，所有房屋必须达到某个室内温度与湿度的最低标准。如果未达标准，那么房客就有权要求房东补偿，这样一来的结果便可能是，未来选择办公地点时，不仅要考虑位置和格局是否吸引人，还要看建筑内的温度，而后一点将成为出租写字楼时十分重要的考量。

建筑科技行业正面临着新的契机，因为室外气温更高、日照更强烈，那么对隔热、温度调节、空气调节和楼宇降温的产品及服务的需求就会上升。建造拥有适宜温度的房屋和楼宇管理这两个问题，未来不但对写字楼，对住宅楼也是一个非常重要的课题。建造拥有适宜温度的房屋一方面能节省能源费用，另一方面也能节省楼房中期的保养和维修费用。

1999 年，所谓的建筑主产业，即传统的与房屋建造相关的一切，占整个建筑行业的份额为 52％，而所谓的附加产业，即暖气、空调、通风装置和卫浴设施，占 48％。在 2000 年，两个行业已经持平，各占 50％，在接下来的几年，建筑的附加产业超过了建筑外部楼房的主产业，占了行业总销售额的大部分。

建筑技术正逐步发展成为德国建筑经济中最强的建造子产业，并紧跟国际趋势。约 65％的销售额是由卫浴设施、暖气、通风和空调业的企业通过加装设备创造出的，20％来自设备的保养，剩下的 15％由咨询和革新发展服务分摊。

一份具有代表性的调查报告显示，在德国有大约 550 万部暖气设备没有定期接受专业人员的保养，因此多产生了约 430 万吨二氧化碳释放至大气层中。这样一来，难怪联邦政府在其气候保护项目的框架内为空调业撑腰。而恩斯特·乌尔里希·冯·魏茨泽克（Ernst Ulrich von Weizsäcker）在他的《四倍数》* 一书中对过去一些完全错误的刺激因素进行了描述。

他在书中写道，美国全国峰值电流的五分之二用在能效低的空调设备上，如果对现有设备进行优化，可以节省下

---

　　* Ernst Ulrich von Weizsäcker, Amory B Lovins, Hunter Lovins. 1997. Faktor Vier. München：Droemersche Verlagsanstalt Th. Knaur Nachf. ，GmbH & Co.

80％～90％的能源。错误发展至此，原因很多，一方面，当一个产品的功效不符合预期时，美国人马上会要求赔偿，所以他们更愿意安装更大、功率更高的空调，如此一开始就能避免这样的风险；另一方面，建筑师和工程师的报酬是按照建筑费用计算的，因此选择更大的空调设备并不需要更多工作，但安装人员会得到更多报酬；还有，选择一个已知可靠的技术解决方案，也比选择发展可能效率更高的新方法要简单得多。这些都导致了美国在能源的使用上完全不符合经济效益。

在德国正相反，人们明显更在意气候问题。当出太阳时，空调一直要用最大功率工作，人们便转而收集太阳能来给冷却机供电。如果没有太阳，人们也不需要降温，耗电也更少。就这个意义来说，"用太阳降温"非常接近现实。

如果地球变暖的趋势持续下去，这对建筑技术供应商也是一个推动，他们将继续发展新产品、新工艺和新服务。这些也可以供应给德国位于亚热带和热带地区的重要的出口市场，如中国和印度，因为这些地区一流的写字楼和高楼都是按西方的模板样式建造的。

空调设备并非一直畅销

除了传统的空调外，近年来还出现了地暖空调设备，它能让整座房子都保持在一个舒适的温度。其通过一种特殊的安装在房屋北侧的管道抽取室外空气，引至2～3米深的地下，这个做法在夏天可以将热空气降到 10～13℃，然后将这些空气用通风装置引流到室内；另一根管道则负责抽取污浊的空气排到室外。用这种方式，在最热的夏日，室内温度会稳定在 22～24℃；而冬天室外的冷空气则在先通过地下变暖，然后再引进室内。

在日本人们发现，如果气温保持在 30℃ 及其以上一天，空调的销量就能增长 4 万台。中国由于受季风气候的影响，天气状况十分不稳定，可能某年的夏天极热，而下一年的夏天又比较凉爽。中国的企业也开始觉察到，天气的变化会对他们的产品销量造成影响。

以 2002 年为例，由于预计将会出现炎夏，所以中国的空调生产商增加了产量，但后来的销量却比预期少了许多，因此生产商承受了巨大的损失。原来他们并不是根据天气预报决定产量，而是根据前一年的销售状况进行生产规划。

2001 年，中国的夏天非常炎热，共卖出了 1 400 万台空调，比上一年增长了 40%。空调生产厂家便想当然的认为，在下一年这一火爆的发展态势还将继续，因此预计 2002 年，销量将增长到 1 500 万～1 800 万台。在 4 和 5 月，天气并没有什么异常，空调的销量甚至比预期的还要好，所以很多厂商加班加点增加产量。但到了正常情况下空调销售的高峰时间 6 月，中国的大部分地区却都阴雨绵绵，预期的高温天气并没有出现，反而比前几年还要凉快许多，有些地区的温度甚至出现了 50 年来的最低点，因此，空调的销售也一落千

丈。2002 年上半年，中国仅售出 600 万台空调，比上一年同期还要少 100 万台。

但企业却为了迎接预期的销售高峰多生产了 500 万台空调，其中的大部分没有卖出去。一般情况下空调生产自 8 月起就会逐渐减少，但 2002 年由于销售困难，厂商从 6 月就开始减产，也就是比通常情况早了两个月。有些生产线甚至停工，仅维持淡季所需的生产。当后来在 7 月下旬天气又热起来的时候，销售又回复了平时的水平，但只维持了很短的时间。那年的 8 月是几年来最凉爽的，对空调生意来说更是雪上加霜。

这已经不是第一次天气使中国的空调生产厂家的计划落空了，但他们似乎并没有从中吸取教训，他们还是继续开展销量策略，以增加他们在激烈的市场竞争中的份额。结果就是，库存达到了一个临界点，在 2001 年底，中国空调的库存数量已有 500 万台，到 2002 年底，库存量增加到约 1 000 万台，达到一个前所未有的最高水平。很多厂商除了把存货价格降到倾销水平之外，再没有别的办法脱手，于是这便引来了一场激烈的价格战。

空调制造业并不是中国唯一因多变的天气而亏损的行业。比如，2001 年的高温也让服装业 3 200 万件羽绒服滞销。一位中国记者写道，中国的工业还太过于注重生产的供求关系，没有将市场经济首先要满足市场和顾客的需求这一观念内化，在这里，天气就是一个决定市场的重要因素。

在中国，将这些源自国外的研究天气和某些商品销售间联系的观念称为气象经济学（meteorologica economy，Wetterwirtschaft）。气象经济学尝试减少因天气造成的损失，并利用天气变化创造利润，这对中国经济来说还比较陌生。有些企业已经开始将气象局提供的信息综合到自己的生产规划中去。但其他许多企业还没有意识到这一问题的必要性，后果常常是因为多变的天气而失去了自身的竞争力。

更困难的是，中国的气象机构尚不成熟，提供的专门有针对性的天气预报还比较少，但私营的天气信息提供商的数目正在增多。

越来越多的企业会咨询这方面的信息，比如制药企业和药店可利用天气预报预计出药品的需求，来调整自己的产品供应，他们要在湿冷的天气时准备治疗感冒的药，在高温天气保证防晒产品有足够的存货量。

电子设备不喜欢雷雨天气

全世界每时每刻都有 1 500 场处于进行中的雷雨，在德国各地，闪电的数目非常不同，从统计数据来看大约是每年 200 万次。1991 年，西门子公司成立了闪电信息中心，其下有 60 多家观测站记录暴雨活动。通过这些数据人们可以断定，有些年的闪电数目比上一年多出一倍，但从统计学上的平均数看，闪电的数量还是恒定的。

分布非常不平均的还有闪电的频率。在德国，闪电出

现最频繁的是西南部地区。从世界范围来看，人们可以发现，沙漠地区几乎从没有闪电，同样的还有极地及其周边地区。但由于全球变暖，在阿拉斯加也已经观测到了暴雨的出现，以前那里是没有暴雨的。中非和东南亚地区是每年每平方千米出现闪电雷击次数最多的地方，每平方千米超过 6 次。

虽然闪电在德国频繁的出现，但是约 3 万摄氏度的高温，几亿伏特的电压和最高达 40 万安培电流强度的放电作用，至少在德国并没有造成严重的人身伤害。但在赤道的某些地区，闪电雷击比别的天气和自然现象造成的人员伤亡更多，它主要的危险是会引发森林和房屋大火，最严重的损害是由于闪电引起电压过高及击中高压输电网和变电站造成的。

虽然今天闪电并不会对人产生大的危害，却会造成巨额的经济损失，原因在于电子仪器的敏感性。通过不同的电力网，闪电雷击还会将影响扩散到周边方圆 2～3 千米的地区。尤其容易受到危害的是连接两个管道线路网的机器，可能会是连接着输电网和水网的电热水器，也可能会是所有连接着输电网络和电话网络的设备，像是电脑、电话答录机和电话本身这些需要用电的机器。

在家庭和办公室里，这些设备的数量不断增多，而它们基本上又没有特别的抗雷击保护措施，这一点保险经济感受尤深。2002 年，在投了住宅楼保险和家电设备险的事故中，有超过 44 万起是因电压过高引起的损失，损失总额达到了

2.6 亿欧元。

　　电器生产厂家应该很高兴，因为基本上没有人会在闪电雷击过后，放弃使用他的电话或者电脑。真实情况下的损失总额可能还会明显高于上文提到的数据，因为一般电压过高的损失并不属于基本保险的理赔范围。

能源行业能从不同天气中获利

通常我们很容易便能看出能源行业与天气之间的密切联系，但它与政治紧密结合的特性却不那么透明。大部分大型能源企业，如 E.on 或 RWE，直到 20 世纪下半叶，还是全民所有制企业，即属于联邦、州和社区所有。这些公司完全、或至少是部分私有化的过程是缓慢完成的。

在政府对市场仍进行强有力的调控下，企业和政治间的关系密不可分，在这些地区和国家政治的作用不容忽视。在不受调控的能源市场和企业私有化以后，两者将会被剥离开来，而政治的影响力仍会维持相当长的一段时间。

环境政策现在是政府能够向市场施加影响的新杠杆，尤其是反核能运动人士利用其推动他们的诉求，气候保护政策对市场的影响力也越来越大。这一领域除了大型能源集团外，风力发电企业也顺势而起，他们巧妙地从游说工作中获取了大量的补助，以便对刮风较少、用风力发电机组无法足量供电的地方进行补贴。

一般说到气候保护争论的利益集团和潜在的利益，大多针对的是石油企业或者露天采煤场。我们也不能忘记，那些被认定是气候保护主义者的人们，虽然间接地代表了纳税人和用电人的利益，但也不会让大众因此少掏腰包。

能源消耗是能源企业受到天气影响最大的方面，但不管天气怎么样，他们都能因此从中获利。天气越冷，社会就需要越多的能源来供暖；天气越热，就需要更多的能源来降温，这不仅包括给人们工作的房间和楼宇安装空调设备，也牵涉到各种货品的冷藏，从家用冰柜到超市使用的货用冰柜和冷冻货架，再到农业产品的冷藏室。

但当能源使用达到最高值时，对能源集团来说，业务可能就会从获利变成风险。在2003年最热的那天，美国有5 000万人无电可用，因为空调的使用超过了电网的负荷，100家电厂因为过载而临时停止供电，这次用电事故仅给美国就带来了60亿美元的损失。

在2004年末到2005年初的冬天，中国的首都北京经历了自1986年以来的最低温，当时也出现了能源短缺问题，只不过不是用电吃紧，而是供气的问题。这次事故不仅有零下低温的责任，也与北京新建住宅过多和市政府气候保护措施政策有关。

鉴于将于2008年在北京举办奥运会，对约380万户家庭原有的烧煤和烧油的暖气进行改装，改造成二氧化碳排放量较小的气暖，因此北京冬天那几个月的用气量比上一年的需求涨了将近一半，造成了供气不足的现象。从北部省份到北京的1 100千米长的输气管道的供给并不足以补给用气缺口，

因此人们在情况允许的前提下又开始改用原来较贵的油作为燃料，而情况不允许的地方人们只得关掉暖气，甚至出现有些工厂整座暂时停产的情况。只要中国的经济增长幅度比能源供应发展快，这样的问题有可能会一再出现。

在欧洲，能源政策受到气候保护的影响更大，而对供给是否充分的问题考虑得较少，政策最主要的目标是减少二氧化碳的排放。所有使用石油、无烟煤、褐煤和天然气这些矿物燃料的地方，人们都试图通过减少燃料消耗以达到减少二氧化碳排放的目的，或是运用先进工艺提高对这些燃料的利用率。这样一来的后果便是高投资，到2025年，德国至少有40％的老旧发电厂必须进行更新换代。

一般情况下，发电厂的寿命是50年，再加上10年的规划和建设期，因此人们当下就必须对长期的气候预测进行考量。因为未来的天气状况决定了今天的经济发展，这自然在相当的程度上适用于可再生能源领域的决策。虽然这样一来，特别是风力发电和太阳能产业这两块，明显与未来主要天气现象的联系更加密切，但这里也存在着一个相当大的投资需求，而且不只是在能源生产方面，输送管线网也需要大量投资。毕竟，单发电是不够的，例如距离海岸40千米的风力发电机组不仅需要发电，还需要能将这些电传输到消费者那里。

无法囤积的电力——电力经济

在德国，由 24 小时不停运转的燃煤火力发电厂和核能发电厂供给基本的电力，而燃烧原油和天然气的发电厂则主要为满足短期用电高峰和能源储备而设。人类可以发电，但却不能将它像天然气一样储存起来。当天然气的需求增加时，将储存下来的天然气输入供应管道完全没有问题，但如果突然电力的需求额外加大，那么就会产生问题了。因此，人们也不能完全依赖于类似风能、太阳能这些不可靠的电力来源。

虽然烧煤的火力发电厂释放的二氧化碳相对较多，对气候产生了负面的影响，但德国超过一半的电力仍然是由烧煤的火力发电厂供应。德国 2003 年总发电量共计 5 970 亿千瓦时，其中褐煤和无烟煤发电占的比重分别为 26.6% 和 24.5%，核电发电占总发电量的 27.6%。矿物燃料载体中最干净的天然气在过去几年中用量逐渐增长，在 2003 年达到 9.6%，而石油同样比煤释放的二氧化碳少很多，发电量只占到 0.6%。

水力发电厂发电量占总发电量的 4.2%，风力发电则占 3.2%，太阳能、生物质能和其他可再生能源占 3.7%。这其中，由于夏天炎热，水力的发电量明显减小，而风能和太阳

能都得到了更广泛的应用，有很大原因在于后两种能源得到了官方支持，不过太阳能的高利用率也有一部分是因为"世纪炎夏"的原因，云少就意味着电多。

放眼全球，无烟煤仍然是发电的主力，南非占90％，丹麦占85％，英国占65％，在美国占近60％，中国无烟煤和褐煤加起来共占约75％。世界范围内，核能发电比例最大的国家是法国，占78％，立陶宛占77％，比利时占57％，瑞典占51％，匈牙利占42％。

相对受天气影响较小的是核电厂，但因为冷却反应堆需要大量的水，使得核电厂一方面依赖河流，以保证足够高的水位，另一方面水温不能太高，否则将起不到冷却效果。除此之外，法律规定，核电厂使用过的冷却水温度最高不得超过25℃，否则不能重新排放进河流。所以日本所有的核电厂都建在海边，利用取之不尽的海水来冷却。

2003年的"世纪炎夏"给法国的58座核电厂带来了非常严峻的考验，烈日将核电厂用来冷却的河水晒得温度过高，有些河流甚至干涸了。能源部门和国有能源供应商法国电力集团（Electricité de France，EDF）紧急召开了危机处理会议，在冷却水温过高的前提下，仅有几家核电厂获得特别许可继续营业，而其余的核电厂则被叫停，政府呼唤公众节约用电。这已经不是法国第一次夏天关停核电站转而从德国进口部分电力了，只要夏天太热，这样的事件就会一再重演。

风、水和太阳——可再生能源靠天吃饭

诸如风力、水力、光伏和太阳热能这些可再生能源的生产和分配特别容易受到天气的影响，这一点不言自明，人们必须认识到未来这些能源的使用比重将会增加，天气的能源经济效应还将继续下去。

工业国家尝试使用可再生能源代替矿物燃料，以降低二氧化碳的排放量，达到保护气候的目的。在几乎所有的发展中国家和准发达国家，可再生能源都为地区的电力供应建设提供了新的机遇，这些国家从而可以不再仰仗长距离的输电线路。在大多数情况下，新能源的使用工艺相对便宜，设备的维修也较为简单，运送也很方便。

水力：拦出来的能源

在所有的可再生能源中，水力是最能保证持续供电的能源，所以在很多发展中国家，它是最主要的电力来源，例如在加纳（Ghana）水力发电占99％，在肯尼亚占86％。也有几个山地较多的工业国主要使用水力发电，在挪威水力发电就占国内用电的99％，在奥地利占63％，在加拿大和瑞士都占了60％。拉丁美洲76％的电力需求靠水力发电供给，巴西和委内瑞拉分别为92％和60％。对大多数工业国家而言，因

为缺乏天然条件，水力相对不受重视。就目前达到的水平来说，水力发电的推广几乎没有上升的空间了，因为现在已经几乎没有地方有再建拦河坝、水库和别的壅水结构的价值了。

太阳能：不限量又免费

太阳能既能用来发热（太阳能）又能直接用来发电（光伏）。一个地方的日照越长、越强烈，那么这个地方就越适合放置太阳能设备。这样的地区当然首选非洲的北部和南部、澳大利亚、北美的中东部、南美的西海岸、西班牙以及中东地区。

不过像德国这样的纬度，利用太阳生产能源的活动也越来越多了，值得一提的是如"十万太阳屋顶项目"这种国家促进项目，更有助于这样的发展。德国目前已经是仅次于日本的世界领先的光伏发电大国，处于工艺发展的尖端地位。太阳能产业发展也很迅速，生产能力在 2004 年得到了大幅扩充，政府为生产太阳能设备的工厂投资了约 2 亿欧元，以使其设备更加现代化、规模更大。2004 年，这一行业为德国提供了约 1 万个工位岗位，其中绝大部分是高水平的技术型人才。

受德国联邦发展部的委托，加纳、坦桑尼亚和马里（Mali）开展了一项试验性计划，在农村修建电力设备时加入光伏发电技术，并将太阳能板与传统的发电机联合起来，使用的燃料并不是原油，而是用当地农民种植的桐油树（Jatropha）种仁加工出来的油。

风力：环保，但效率很低

全球范围内，风力发电目前占总用电需求的 0.4%，德国的风力应用水平世界领先，这主要是得益于前几年政府对此项目的大力支持。德国目前在海岸线和山林地区总共设有超过 1.65 万台的风力发电机。

因为没风就不能发电，所以这些发电机只能与其他发电形式相串接才能发电。在偏远地区，风力产生的电力直接供应当地居民使用，无须传送到大型电力供应商的输电线网中，因此使用的是所谓的混合装置（Hybridanlage），即将风车与一座柴油发电机相连接。

以摩洛哥为例，其很大一部分的电力都是来自风力发电机。德国技术合作公司（Gesellschaft für Technische Zusammenarbeit，GTZ）受联邦发展部的委托，寻找可以用可再生能源发电的地点时发现，位于摩洛哥沿海地区的土安（Tetouan）是全球最适合设置风力发电机的地点之一，因为那儿几乎全年吹的风都非常稳定、有力。

正因为从水面上刮过来的风比陆地上的风更加有力和稳定，德国未来将加强海岸外海面上风力发电设备的建设安装。联邦政府认为，至 2030 年，在北海和波罗的海的德国领海能够安装最高发电功率为 2.5 万兆瓦的发电机组，这将能满足德国约 15% 的用电需求。第一批四个离岸的功率为 600 兆瓦的风力发电机组已经获批于 2006 年开工建设。

地热：北方的热能

地热的使用是一种与气候无关、也不受天气左右的能源生产形式，地热有两种不同的获取方式：一种是热水地热，即钻取地球内部的天然热水贮备；另一种是干热岩地热（Hot-Dry-Rock-Verfahren），这种形态的地热则是人们用高压将水灌入火成岩的裂缝加热后，再通过回收热水获取地热。

冰岛是使用地热能源的先驱，这个国家已实现了总能源需求的70％和用电需求的100％都从可再生能源获取，86％的供热能源来自地热井。奈斯亚威里尔（Nesjavallir）位于雷克雅未克以东约30千米处，此处的地热发电厂能够为首都97％的房屋供暖。数座深达2 000米的地热井涌出滚烫的热水，冒出灼热的水蒸气，从而推动两座功率为30兆瓦的涡轮蒸汽机，而热水则在巨大的热交换器中加热干净的泉水，然后再将加热后的水引入千家万户，这些水既能用来供暖，也可以直接当作热自来水使用。

天气对电价的影响

在多雨的年份，西班牙的供电商会比旱年更多地利用价格十分低廉的水力资源，2003年的冬季，西班牙发生了罕见的连续暴雨，因此在当年人们更多地使用水力发电，这使得西班牙的电价大幅下跌。西班牙最大的电力公司恩得萨（Endesa）主要依靠的是成本高昂的燃煤发电厂和天然气发电厂，在这次电价下调中，其经营明显受到了很大冲击。相反，竞争对手伊维尔德罗拉公司（Iberdrola）通过使用成本较低的水力发电厂，赢利颇丰。

电价受天气影响而上下波动的情况，在 1998 年欧洲电力市场自由化以后才出现。以往地区性垄断的供电商在被许可开发的地区独家供应电力，价格受国家控制，这样的权利和义务已经取消，他们现在必须和其他国有和私人供电商竞争，还可以自行决定电价。

电力市场的引进，让电可以在现货市场上买卖，价格由供需决定，这也导致了电价的大幅波动。在炎夏和寒冬，当用电需求增长而供电紧张时，电价便会突然暴涨。

荷兰在 2003 年夏天的供电产生了一些问题，一家荷兰供电企业敦促他们的用户在用电高峰时期不要使用功率过高的电器。当时阿姆斯特丹电价飞涨，用电高峰时期的电价猛然涨到其他时段电价的 40 倍，而在德国莱比锡电力市场上，电力的现货价格从一周前的每兆瓦时 92 欧元飙升至 185 欧元。

在 2000 年中期，德国首度在莱比锡能源交易所（Leipziger Power Exchange，LPX）提供所谓电的"有形交易"（即现货市场）。后来，法兰克福的欧洲能源交易所（Frankfurter European Energy Exchange）与莱比锡能源交易所合并，成立了总部设在莱比锡的欧洲能源交易所（Europe Energy Exchange），那里除了现货市场外，还有电力的期货市场，进行月、季或年期货的交易，与别的期货市场运作方式完全一样。

在现货市场上，批发商一般购买的是他们次日的用电需求，至多只会提前购买一个星期的电量。整个买卖都是在网上进行的，上午将买方和卖方信息（以兆瓦时和欧元为单位）输入电脑中，这些信息可能是针对一天24小时中的每个小时分别作为单位计价，也可能是以时段划分，分成高峰用电和普通用电时段。在12点的时候，总结所有买方和卖方的要价，计算出能够平衡供需双方的价格。

因此，综上所述，天气对电价能产生非常直接的影响，人们只需要阅读天气预报，便能及时预估电价的波动，对电价走势做好应有的准备。

世界能源需求增长——会否是核能的新机遇

随着世界人口的增长，世界能源需求也一同增长。从1980—2003年，世界人口总数已从45亿增至64亿，联合国预计这一增长还将持续，到2030年将达到85亿。1980年，世界能源消耗总量还只有104亿吨标准煤，2003已达152亿吨，国际能源署（Internationale Energie Agentur，IEA）预计2030年的能源消耗量将增长至235亿吨标准煤。

在1980年生活在发展中国家和准发达国家的人口占全球人口总数的72％，2003为77％，预计到2030年这一比例将上涨到81％，发展中国家人口的增长必将带来其能源需求的大幅上涨。1980 年，这些国家的能源用量还只占世界总能源消耗的 26%，2003 年就已经升到 38%，到 2030 年，人们预计份额将会上涨到 48%，但这些能源从何而来呢？

目前全球能源供应的 34.2% 来自原油，24.2% 来自煤，21.9% 来自天然气，6.5% 来自核能，水力和其他可再生能源占13.2%。国际能源署预期在未来 25 年里，即便全球能源消耗量明显提高，此比例也大概不会有所改变。这意味着在气候保护的推动上仍会停滞不前，可再生能源的使用比例并不会提高。

国际能源署也预期，核能在未来的 25 年对世界能源供应的作用不会继续增加，而是相反从 2010 年起，核能发电的产量将不会再增加，占总能耗的比重也会明显下降。他们提出这一现象的原因是，核能增产在很多国家都遭到强烈的反对。

国际原子能机构（Internationale Atomenergiebehörde，IAEA）的看法则完全不同。按他们的"平均估计"，全球从2004—2030 年核能的产能会再增长两倍，到 2050 年将再增长四倍。似乎有几个迹象可以论证这一预测。当德国坚持放弃使用核能，不再建立新的核电站时，许多国家却正计划大幅增加核能的使用。

中国就计划在未来的 15 年内将核电站的产能提高为原来的五倍，韩国计划在 2015 年前建成十一座新的核电厂，印度尼西亚、越南和泰国也很有可能引进核电技术。自从日本发生隐瞒核电厂安全问题及捏造运转记录内容的风波后，日本即使不再依照前几年的速度发展，但还是会继续增加核能的使用。

几个工业国家好像在长时期的暂停之后又开始重新扩大使用核能。比如，美国就出现了这种现象，能源工业加紧谋求延长他们核电厂的使用年限，同时争取新核电厂所在地的修建许可。加拿大和法国也计划扩大核能的利用，这样矿物燃料的使用量便能减少，即使减少的量微不足道。

专家们认为未来能源发展潜力最大的将是太阳能，并相信用不了几十年，太阳能电池便能在价格和效率上同其他所有的能源形式相竞争。如果事实发展果真如此，那么最重要的结果就是供电的个人化，到那时，人们便可放弃成本高昂、维护不易的远程输电线路了。

目前市场上已经出现了坚固的两用迷你电器，能为私人家庭环境供暖供电，与太阳能设备配合，很多家庭便能够不再依赖公用供电系统，还能在不增加气候负担的前提下自行生产电能。这样一来，很有可能在未来的 25 年内产成新的工业形态，并完全改变工业国和非工业国家的能源理念。预测和统计数据也只是一些会被事实很快超越的数据而已。

然而重要的是，气候保护相关的政策应将关注的重点，从大型发电厂和目前还处于上升阶段的风力发电行业，转移到电力消耗者的个人需求上来，个人的用电解决方案完全能够取代大型工艺，不过这也要求大集团公司和政客们准备好，将他们一部分的权限和权力归还个人。天气变暖不仅能促进经济增长，还能增强人民的责任感，从这一点上看，当前充满了机遇。

水：流动的黄金

饮用水今天已成为地球上的一种短缺资源，并非是因为没有足够的水，而是因为在使用水时人们太过草率。德国一般的消费者很少意识到，自来水也是一种可贵的饮品，而用来冲厕所的水，可能就没有这么珍贵了。

目前只有大型工业企业将水按饮用水和工业用水分类，这些企业拥有自己的循环再利用设备，且由于用水量巨大，需要同时安装两套平行的供水管线。对于大众和大部分企业来说，尤其是在人口稠密、工业集中的地区，人们并没有投资管道和设备的打算，而且是"还"没有。

时代必将随着气候和天气的变化而改变，以后，将洗衣水或者洗澡水用来冲厕所的这一举动，也不仅仅意味着是具有生态意识的人而已。

水很多：但不适宜饮用

我们的"蓝色星球"其表面的 71％被水覆盖，世界上水

的总储藏量约有 14 亿立方千米，但是其中只有 2.5％（3 500 万立方千米）是淡水，75.5％是咸水。大部分的水，即 96.5％的水是海水，1.77％的水储存在两极冰盖或是高山上的冰川，处于冰冻的固体状态，1.7％为地下水，只有剩下的 0.03％分布在河流、湖泊和沼泽中，或是以水蒸气的形态散布在大气层中。

目前的淡水中，有 70％位于南北两极的冰层中，剩下的 30％则以大面积分布的土壤水层形式，存在于地下水层、地表水域或者天空中的云里。

天气和气候推动全球水循环和地球水资源的交换。海洋每年蒸发 50.5 万立方千米的水，其中的大部分（45.8 万立方千米）又以降水的形式重新流入海里，每年地球陆地表面的水也有 4.1 万立方千米流入大洋。其中 2.8 万立方千米的水直接来自地表水，1.3 万立方千米的地下水经由河流汇入大海，7.2 万立方千米的水从地表蒸发，这其中大部分是植物的蒸发和蒸腾作用（7.1 万立方千米）。之后又会有 11.87 万立方千米的水从大气层中以降水的形式返回到地球表面。

全世界的淡水储量可以分成两类，即所谓的"绿水"和"蓝水"。绿水指的是存储在土壤中的雨水，之后被蒸发或者被植物吸收；蓝水指的是可再生利用的地下水和地表水，每年约有 4 万立方千米的蓝水可供使用，目前约有 9.5％的蓝水被人类所利用。1995 年，全球用水量达 3 800 立方千米，是 1900 年的 6 倍之多。

农业是用水大户

1995 年，全球用水量的 22％用于工业，8％为服务业和家庭用水，最大的部分，即 70％，都用于农业生产。越是贫穷的国家，工业取水占的比重就越小，农业用水占的比重越大。国际上，工业取水比例从 8％～59％不等，差距很大。

全球用水量的 70％只能浇灌全球 17％的耕地，但这些耕地面积上生产的粮食可养活世界上 40％的人口。近几十年来粮食产量的增加离不开引水灌溉。今天，由于灌溉需求的增加而过量抽取地下水，使得地下水储量减少，造成了很多问题，因为地下水是饮用水最重要的来源，而其再生速度很慢。

农业灌溉的效率极低，大部分的水分不是蒸发，就是以别的方式消失了。全球的灌溉农业平均只发挥了 43％的效率，干旱地区可达到 58％，而水量充足的地区只有 31％。德意志研究联合会（Deutsche Forschungsgemeinschaft，DFG）认为，如果使用效率更高的灌溉工艺，例如在输水管打上小孔，采用滴灌方式，目前全球便能省下 40％的人工灌溉用水。

由于人口增长及其聚居于工业集中地区的趋势，未来几十年里全球大部分领域中的用水量还将继续增加。有人预测，从 1995—2025 年，农业的用水量还将增长 16％，主要是因为灌溉面积的增加。

而工业国家由于效率提高且存在实行节约用水措施的意

识，农业和工业用水量都将减少，与此相反的主要是撒哈拉以南的非洲和拉丁美洲，预计农业上的用水量还将增加。再加上发展中国家工业化进程的持续推进，将需要更多的水以满足工业方面的需求。

2025 年：三分之二的人口将受干旱之苦

2003 年联合国发布的世界水发展报告中预计，未来国际水危机更加严峻。即使水资源在世界上不同的国家和地区间分布非常不平均，联合国还是认为，没有一个地区能免受水危机的威胁。按照联合国的预计，到 2025 年前，世界人口的三分之二都会遇到水资源短缺的问题，到 2050 年，最理想的情况下这一数据将会增加到涉及 48 个国家的 20 亿人，最差情况下则是 60 个国家的 70 亿人将会遭受水荒之苦。

按照联合国的看法，人均可支配淡水资源到 2025 年将会比现在的全球平均值减少三分之一。目前，沃尔特河（Volta）、法拉河（Farah）、尼罗河、讷尔默达河（Narmada）、两河流域*成为新的用水紧缺地区。而按照联合国的说法，水资源短缺只有 20％的原因来自全球变暖。在非洲的许多国家造成用

---

* 两河流域，指幼发拉底河（Euphrat）和底格里斯河（Tigris）之间的区域，亦称两河地区。

水短缺的主要原因是水管系统的损坏，在亚洲主要是由沙尘暴发生数量的大幅增加而造成的。

在中国，单是 2000 年就有 670 座城市有缺水的问题，北京的缺水问题也格外严重，而自从 60 年代末以来，北京的地下水位已经下降了 60 米，原因之一便是工业密集地区人口的增长和工业的增加，长期的干旱和农业用水量居高不下，也是造成用水紧张的原因之一。

中国显然已经准备好，把经济上的成绩放于第一位，把人民的供应短缺放在第二位，但这一短缺肯定不是长期的，因为这个国家致力于在所有领域都位列世界前茅。

世界上的水属于谁

在过去固有观念里，淡水储备绝不是全球共有的财富，而仅被视为国家或地区所有的资源。但世界上共有 261 条跨国水系，构成了全世界 60％的淡水资源，世界人口的 40％生活在这些河流沿岸。邻国之间还时常因为依赖同一条河流而引起争端，在一条河流的上游建一座拦河坝，就会给下流的国家带来供水的问题。

在近东地区，河流的控制权一直是政治争端的中心议题，例如叙利亚和约旦本是计划将约旦河（Jordan）改道引流至自己的国家，这一计划虽然不是第三次中东战争的主要原因，

但却是战争爆发的导火索。后来当叙利亚兴建幼发拉底水坝*（Tabqa-Staudamm）时，伊拉克就威胁要发动战争。专家们仍然将约旦河、两河流域、尼罗河、中亚的阿姆河（Amadarja）及锡尔河（Syrdaja）列为未来最有可能发生争端的危险地区。

联合国几十年来都致力于向所有国家的政府和国际舆论阐明一个道理，即为保护淡水储备必须实施国家内部的、跨国的措施和策略。为避免国与国之间的冲突，应当由中立的研究机构搜集水资源的相关数据，并得到所有参与国家的承认，敦促所有相关国家对水资源的利用协商达成一致，并签订条约，而不是坚持一定要拥有某个水域的主权。

2000年3月在海牙召开的第二届世界水资源论坛（Welt-wasserforum），有超过3 500个来自全球各国的政府官员和代表参会，会议决定加强合作以确保全世界的水资源存储量。与会者达成共识，不只政界人士，所有国家和国际层面上的相关团体都必须参与到"整合式水资源管理"中来，私营经济也必须更积极地参与保护水资源的项目。

水资源论坛的与会者制定了目标，希望在2015年前，无法使用安全饮用水和公共卫生设施的人数能够减半，在2025年前能够将这一人数降到零，联合国在2000年召开的"世纪峰会"和2002年约翰内斯堡召开的世界峰会上也重申了这个

---

* 又称泰巴盖坝。

目标，并将其作为环境保护行动计划的一部分。为达到这一目标，世界水发展报告指出，必须在 2015 年前，每年额外为1 亿人提供自来水，1.25 亿人安装公共卫生设备。按照世界银行的计算，目前每年水资源部门的投资为 600 亿～800 亿美元，而为达到目标，必须将投入增加至 1 800 亿美元。

2003 年 3 月在京都召开的第三次世界水资源峰会上，170 个国家和 43 个国际组织最终达成共识，要投入双倍的科技和财政资金来改善全球的饮用水安全问题。

拥有水源是幸运的：水的生意

今天，瑞士的雀巢集团（Nestlé）是全球从事矿泉水经营的领头羊，早在 1969 年，雀巢集团就打入了这个行业，当时公司取得了维特尔矿泉水公司（Vittel）30％的股份，但"雀巢"并没有因此作出战略上的决策。当时"雀巢"正试图建立一个综合性集团公司，除了食品行业以外，还从事多种不同的活动，直到 1992 年，雀巢才开始扩张收购维特尔大多数的股份，取得了它的控制权。

赫尔穆特·毛赫尔（Helmut Maucher）雷厉风行地确定了公司新的经营方向，让"雀巢"重新开始营利。在 90 年代，毛赫尔声明，水是一种战略性产品群，并开始在全球尽可能多地购买高价值的水源。

1992 年自从接手了巴黎水集团（Perrier）后，"雀巢"取得了法国一系列水源的所有权，除了巴黎水集团在维吉斯（Vergèze）的水源外，还有例如矿翠矿泉水（Contrex）在孔特雷克塞维尔（Contrexéville）的水源。"雀巢"一直拥有意大利矿泉水品牌圣培露（San Pellegrino）的大量股份，到 1998 年，这一品牌完全纳入"雀巢"旗下。

1997 年初，"雀巢"决定，除了提供天然矿泉水外，还继续生产简易的瓶装矿泉水，这一考虑主要是基于世界上还有广大地区没有、或无法确保安全饮用水的供应。即使公共供水系统能流出自来水，这也并非就意味着它已经达到饮用的标准，或者能够保证品质的稳定。

"雀巢"公司的目标便是将品质一流、含适量矿物质成份的水，以发展中国家人民能负担得起的价格引入市场。泉水经过完整的净化、添加矿物盐后，便成为一种物美价廉的成品，它的品质、纯度都能得到保证，不含有害物质，这样一来，世界上只要有符合质量要求的水源的地方，就能安装"雀巢"研发出来的密集生产线，生产瓶装矿泉水。

1998 年 12 月，"雀巢"首度在巴基斯坦推出品牌名为"雀巢优活"（Nestlé Pure Life）的新产品，然后才将其面向巴西、阿根廷、泰国、菲律宾、中国、墨西哥、印度、土耳其、约旦、黎巴嫩、埃及、乌兹别克斯坦和美国的市场推出，2003 年此产品也在阿拉伯联合酋长国、沙特阿拉伯和俄罗斯面市。

这些国家的大部分人民都更喜欢买瓶装水作为饮用水，因为他们非常看重水里"没有"什么，就是那些危害健康的病菌和有害物质。这一点和欧洲不同，欧洲人购买矿泉水，是为了"得到"水里的东西，也就是含有有利于人体健康的矿物微量元素。

　　因此，2000 年，雀巢在欧洲推出品牌名称为"雀巢水活"（Nestlé Aquarell）的矿泉水，首先在法国、德国、比利时、匈牙利、意大利和西班牙六个国家开售，目前雀巢水活已经行销于 14 个国家。

　　因为美国人一直到健身热潮兴起之初，都鲜有兴趣将纯净水当作饮料购买，所以"雀巢"能够以相对低廉的价格购买水源，并且在今天占有美国瓶装水总市场份额的四分之一还多。

　　目前"雀巢"在墨西哥、黎巴嫩、埃及、中国、越南、波兰、保加利亚等国家总共拥有水源六十多处。现在大型的水源已全部被卖出。在欧洲，特别是在法国，一般情况下，有名气的水源不是"雀巢"的，就归它的竞争对手"达能"（Danone）所有。

　　从 2002 年起，雀巢集团的矿泉水生意开始全部由"雀巢水业集团"（Nestlé Waters）管理。雀巢水业集团旗下除了"雀巢优活"和"雀巢水活"之外，还有定位更高端的巴黎水、维特尔、圣培露和普娜（Acqua Panna）矿泉水等国际品牌，并拥有大量的地区品牌。

雀巢水业集团在全球 130 个国家和市场总共拥有 70 个不同的品牌。2003 年，它的营业额达到 81 亿瑞士法郎，这比上一年增长了 9.1％。对雀巢集团而言，瓶装水业务仍将会是成长最快的饮料品种。

2003 年，在许多欧洲国家，雀巢水业集团的增长率都达到了两位数字，企业将其主要归功于二、三季度西欧异常炎热的高温天气。"如果下一年天气条件正常，那么这一增长走势将在不同的地区受到程度不等的打击。" 2003 年营业报告中指出："在北美洲，可能是由于目前的饮食倾向和 2003 年持续数月的恶劣天气，与报告年度相比，2004 年的成长速度反而应该加快。由于异常天气而使 2003 年的营业额大幅提升，在西欧预计增长率较小，甚至可能呈现负增长。"

2004 年上半年，欧洲的初夏非常凉爽，使得雀巢集团在饮料和冰淇淋销售上的增长率停滞，而美国的瓶装水业务却创下了 10.6％的增长率。

2004 年欧洲湿凉的夏天也让"雀巢"在软饮料和冰淇淋业务上的竞争对手不好过，特别是与上一年创纪录的夏天相比。除此之外，这一行业由于竞争的激烈也带来了很大的价格压力。

同样，荷兰—英国的集团公司联合利华（Unilever）在冰淇淋（Langnese，琅尼斯）和冰红茶（Lipton，立顿）上的销售也不理想，出现了亏损严重。集团公司必须将他们的年度营利预测向下修改，可口可乐公司的情况也差不多。英国饮料集团吉百利·史威士（Cadbury Schweppes）透露，由于夏天天气不理想，2004年的营业状况只能达到原先预估的下限。以国际品牌依云（Evian）驰名的法国达能集团也一样受到恶劣天气的影响而不能幸免。

热浪带来利润：饮料销路大开

在德国及其他工业国家，饮料市场本来已经饱和，但2003年极端干热的夏天却带来了可观的销售增长。

按照德国矿泉水协会（Verband Deutscher Mineralbrunnen）的数据，自2002年矿泉水的销量创下112亿升的新高以来，2003年上半年的销量又增长了10％。2003年矿泉水的需求大到很多超市的存货告罄，由于不能及时补货，消费者们不得不面对空空的货架。

2003年7月的高温天气给德国啤酒和矿泉水有限责任公司（Der Brau und Brunnen Mineralquellen GmbH）带来了比2002年7月高30％的利润，公司员工们不得不加班加点以满足矿泉水和苹果汽水的需求。除了矿泉水以外，清凉型饮料也因炎夏销量大增，在德国将矿泉水中混入纯苹果汁得到的苹果汽水特别受欢迎，按照协会给出的数据，2002年，苹果汽水的销量增长了16.5％，达到了5.32亿升。

2003年，德国每人年平均饮料消耗量为：矿泉水及其他

种类的水是 124 升、啤酒 123 升、冷饮 108 升、牛奶 90 升及果汁 45 升。如果由于未来的气候变化，欧洲的炎夏天气增多，那么饮料生产商就必须做好扩大产能的准备了。

2004 年 7 月底、8 月初的两周，就足以让德国北部的饮料生产商打破其矿泉水和啤酒的销售纪录。"星期一，我们啤酒酿造厂的仓库就为顾客出货 400 万升，这绝对是年度最佳成绩，"汉堡荷尔斯滕啤酒厂（Holsten Brauerei）的发言人如此说道。这段时间，荷尔斯滕啤酒厂的灌装部门必须加班赶工，才能满足需求。

天气越热，人们越想喝啤酒

2000 年，德国以 107 亿升的啤酒生产量位居世界第三位，仅次于美国的 233 亿升和中国的 220 亿升。德国的啤酒厂每年出口约 9 亿升啤酒，而德国的啤酒进口量只有 2.6 亿升。

德国近年的啤酒消费量小幅下降，生产量也随之回落，取而代之的是软饮料*消费的增长。1976 年居民平均啤酒消费还有 151 升，但自那以后这一数字就在不断下降，即使是 2003 年的"世纪炎夏"，人均消费量也比 1976 年少了 28 升。

饮料工业的一条简单的法则是，一旦气温上升到 25℃以上时，啤酒就没有水、软饮料和果汁卖得好了。人们经常在相对

---

*　酒精含量低于 0.5%（质量比）的天然或人工配制的饮料。

更加凉爽的夜晚饮用啤酒，正因为此，啤酒花园（Biergarten）成为热浪天气的首要受益者，如此一来，与瓶装啤酒相比，啤酒酿造厂的桶装啤酒买卖利润更大，也增长得更快。

绍尔兰＊（Sauerland）的私人啤酒酿造商维尔廷斯（Veltins）在 2003 年 7 月创下了该酒厂有史以来当月最佳销量。他们表示，要不是因为退空瓶的问题，还会卖得更多。在炎热的天气里，新式的啤酒混合型饮料也很受欢迎，因为它们的酒精含量比纯啤酒更少。2003 年夏天，杜塞尔多夫（Düsseldorf）的老牌啤酒生产商弗兰肯海姆（Frankenheim）也凭借啤酒混合饮料大发利市，销量增幅达 24%。

当然，未来天气变暖，影响到的不只有饮料消费，德国人的饮食习惯也会发生根本性的改变。按德国联邦糖果甜食工业联合会（Bundesverband der Deutschen Süßwarenindustrie）的统计数据，2002 年德国共卖出 5.22 亿升冰淇淋，其中超过一半独立包装的是家庭装冰淇淋，1.38 亿升是一盒多支包装的冰淇淋，6 300 万升是所谓的"散装"冰淇淋，即在街边小店里可以买到的那种。

位居德国冰淇淋市场前列的企业和品牌有联合利华的琅尼斯、"雀巢"的雪勒（Schöller）和莫凡彼（Mövenpick），以及位于奥斯纳布吕克（Osnabrück）的罗卡丁有限责任公司（Roncadin GmbH），它的旗下拥有欧特加博士（Dr. Oetker）、

＊ 德国威斯特法伦的一处森林地区。

兰特丽博（Landliebe）、华伦希纳（Valensina）果汁等品牌。对于罗卡丁来说，2003 年是创纪录的一年，销售额涨幅约为 30％，而 2002 年的销售额为 1.7 亿欧元。在夏天，生产冰淇淋的机器每周七天、每天 24 小时不间断运转，而在冬天，大部分员工借调到肉制品工厂兼职。在未来，这一解决措施可能会越来越没有用武之地。

农业：世界粮食的基础

如果纯粹从数据上看，世界粮食总量（收成和储备）足以养活所有人，但事实上世界范围内的粮食供应一直都存在着巨大的差异。在很多发展中国家，饥饿和营养不良仍是主要问题，而在一些粮食产量过剩的地区，如美国和欧洲，却在实施一些减少种植面积和避免农业生产过剩的项目。

原则上，这一境况正在得到改善。按照联合国粮农组织（Food and Agriculture Organization of the United Nations, FAO）的数据显示，从 1960—2000 年，世界粮食生产增加了 80％，世界人口中的慢性营养不良患者比例也从 35％降至 18％。2001 年，虽然粮食生产总量有所增加，但慢性营养不良患者的数量却又增长至 8.42 亿人，其中发展中国家占到了 7.98 亿人，这一现象是由贫困国家的人口增幅过快所致。

2001 年，世界粮食生产总值增长了 25.4％，超过了 1989—1991 年的平均值。这其中欧洲（包括俄罗斯）产量下降了 12.2％，而其他国家和地区却有了明显增长，排在前列的有南美洲（增长了 46.6％）、亚洲（增长了 45.6％）以及大洋洲（增长了 40.4％）。从单个国家来看，中国增幅最大

（79.0%），其次是巴西（50.6%）。

显而易见的是，使用现代化的农业工艺便能大幅增加产量。在世界气温升高的范围内，如果在前期有利的天气形势后迎来的是一个更加炎热、不利于农业发展的天气阶段，那么未来也必须对天气变化的后果做好相应的防护工作。具体而言，就是要重新起用欧洲休耕的农田。

天气决定收成的好坏

一方面，在一个生长周期内，农业和林业经济强烈地依赖天气变化；另一方面，通过农林业经济措施，农林业经济不仅影响着当地的天气，也会通过砍伐热带雨林等行为影响全球的天气。

在农业生产里，谷物、水果和蔬菜的种植尤其容易受到天气条件的影响。为了确保最佳生长条件，春季和初夏不能太冷也不能太潮湿，在7月，为了顺利储藏粮食收成，需要尽可能干燥、暖和的天气，而一旦下雨就会让整个工序陷入停滞。

德国2004年的农林业产值达到470亿欧元，其中约46%是植物型产品，这里最重要的产品是谷物和饲料作物。德国是世界第四大农业产品出口国，2004年出口总量达到340亿欧元，创下了一个新纪录。

2004 年，德国的粮食收成在数量上达到了 5 010 万吨的最高值，比 2003 年旱年多出 27.2％，也比较多年（1998—2003 年）的平均值增长了 12.6％。2003 年世界粮食生产超过 20 亿吨，但世界粮食消耗值却超过了生产总值，因此需要动用存粮补足短缺的部分。当欧洲和俄罗斯的小麦收成因旱情和高温而减产时，美国的小麦产量却有所增加；印度和泰国的水稻收成增长很快，但中国却出现水稻歉收的状况。从数量上来说，主要用作饲料的玉米是最重要的谷类作物，但在其最主要的生产国——美国，却由于天气原因，产量小幅回落。纵观全球，天气引发的农业产量的盈亏相互抵消了。

近年来，专家们一直在呼吁人们警惕世界小麦供应中新增的难题——世界小麦储量一直在减少，因为生产量一直没有跟上消耗量的水平。造成小麦减产的两个主要原因是：在市场经济条件下的地区，生产者收益减少，农民丧失了积极性，妨碍了小麦种植的增加；累积下来的天气原因影响收成。

因此，2002—2003 年度，与上一季相比，澳大利亚的小麦收成从 2 485 万吨减产至 939 万吨，加拿大则是从 2 057 万吨降至 1 569 万吨。这两种衰退情况都是非常不利的天气和生长条件造成的后果。

俄罗斯作为粮食供应大国的回归

在俄罗斯的很多地区，如南部的克拉斯诺达尔（Krasnodar）地区附近，有被厚达 2 米的黑土层覆盖的耕地，因而极其适

合作物种植并且产量也极高。但这一优势却长年没有得到很好的利用。因为缺乏机器使用的柴油，大好的收成在密闭性很差的粮仓里腐坏，或者留在地里无法收割。苏联解体后，收成大幅减产，1999 年俄罗斯甚至需要从美国进口 500 万吨粮食。

自从 2002 年颁布允许自由买卖农业用地的法令以来，俄罗斯的农业经济走向了繁荣。小农场主、俄罗斯大型原材料集团的所有人以及一大批来自西方的企业，现在都开始投资农业，投资粮仓建设、养鸡场、肉制品公司和肥料制造工厂。

这些投资都是值得的，因为俄罗斯国内粮食市场的总值估计达 700 亿美元，而且自 2002 年起，俄罗斯的粮食生产不仅能够满足本国的需要，还能够出口部分收成。预计 2004 年的粮食产量将达 7 700 万吨，再过几年这一数字还将涨到 1.1 亿～1.2 亿吨。

蚜虫喜欢干热的天气

天气对农业不仅有直接的影响，还有间接的影响，害虫也是夏季温暖天气的受益者。比如，德国联邦农林业生物研究所（Biologische Bundesanstalt für Land-und Forstwirtschaft）的研究发现，干燥温暖的天气就为蚜虫的迅猛繁殖创造了绝佳的条件。

蚜虫科中的很多品种在宿主植物上过冬，到春天才会迁回它们本来的宿主植物上去，所以有些以粮食作物为宿主植物的蚜虫是在例如犬蔷薇（Heckenrose）上过冬的。到了初夏，这些小生物便能在适宜的条件下迅速繁殖，雌蚜虫不需要雄蚜虫就可以无性繁殖产下幼虫，而她的幼虫又会全部发育成雌蚜虫，而且天气越温暖，速度越快。

直到季末，雄蚜虫才会出生，此时雌蚜虫产下受精卵，它们可以度过寒冬。蚜虫的天敌包括瓢虫和食蚜虻的幼虫，还有一种菌类能让蚜虫患上致命疾病，以限制其群体的繁殖。这种真菌在潮湿天气下成长得很快，因此天气干燥也是蚜虫大量存活下来最理想的前提条件。从这里可以看出，德国农场主一方面受惠于气候变化，另一方面也需要加大杀虫剂使用的投入。

阿姆斯特丹的玫瑰

阿姆斯特丹是欧洲玫瑰贸易的中心，但并非是在荷兰种植玫瑰，而是用飞机空运到那里，玫瑰最主要的原产国是厄瓜多尔（Ecuador）。厄瓜多尔平均每天空运 420 万支玫瑰到世界各地，而欧洲从厄瓜多尔进口的玫瑰中有 80％降落在阿姆斯特丹的机场。

厄瓜多尔为玫瑰种植提供了理想的先决条件。种植地区位于海拔 2 300 米高的赤道地带，这里从来不会过热，也很少会冷，平均气温在 18℃上下，日照时间每天 12 个小时，在这种气候下，玫瑰能够茁壮成长，而且成长的过程稳定，茎叶粗壮，花朵则开得又大又艳丽。

厄瓜多尔有 400 名种植玫瑰的农场主，负责养护和收成的工人共有 5 万名，其中 80％是妇女，他们在总面积超过 2 000万平方米的温室里培育幼苗。大约每 80～100 天就可以剪枝收成，枝剪得越低，新发的嫩芽就会长得越高。每 300 支花枝装在一个装有人工营养液的盒子里，贮存在农场的冷藏间，日落之后才会用冷藏货车运到机场。在起飞前，人们还要将盒子里变暖的空气吸出来，再充入冷空气。基本上玫瑰花从厄瓜多尔运到欧洲的花店里，只需要两天不到的时间。

欧洲的玫瑰花有也从肯尼亚进口的，但是这些花从质量上来说没有来自厄瓜多尔的玫瑰品质好。埃塞俄比亚也有和厄瓜多尔相类似的气候，适宜玫瑰的生长，这儿完全能与安第斯山脚下的厄瓜多尔形成竞争，但前提是，埃塞俄比亚能提供允许这一发展的政治条件。

生活水平越高，人们对肉类的需求越大

按照德国农业中央市场协会（die Centrale Marketing-Gesellschaft der deutschen Agrarwirtschaft mbH，CMA）的观点，肉类等于生活品质。持同样观点的不仅是德国人，世界上几乎所有文明社会都这样认为。这么一来，随着生活标准的普遍提高，肉类的消费也增加了。在五十多年前，餐桌上出现肉食还一直被视为一件特别的事，但尤其是在高度工

业化的国家，这种情况出现了根本性的改变。今天，地球上人均食用肉类的数量已经是 1970 年这一数字的近两倍。

根据 2001 年的数据，世界上最大的肉类生产国是中国（6 520 万吨），接下来是美国（3 770 万吨）、巴西（1 520 万吨）、德国（650 万吨）和法国（630 万吨）。全世界肉类生产总量为 2.365 亿吨。最重要的牛肉出口国是美国、加拿大、澳大利亚和阿根廷，猪肉出口国是欧盟各国和中国，羊肉出口国为澳大利亚和新西兰，鸡肉出口国是美国、法国、荷兰、泰国和巴西；而最重要的肉类进口国有美国、日本和欧盟各国。

目前，肉类生产，特别是牛肉的生产，不仅给环境带来了巨大的负担，还会给未来的气候造成影响。全世界总共饲养了 14 亿头牛，仅德国就圈养了约 1 400 万头牛。这种家畜的活重＊超过了整个人类重量的三倍，但这并不是问题的根本所在。

为了让牛的活重在两年内达到 300 千克的屠宰标准，它们需要吃掉 3.5 吨的黄豆和饲料，而这些饲料的生产需要约 60 万升的水。而在消化这些饲料的过程中，每头牛每年会排放出约 10 万升的甲烷。与二氧化碳和氯氟烃＊＊一样，甲烷也属于温室气体，而且它比二氧化碳对气候的破坏作用要强约 35 倍。

＊ 牲畜宰前的重量。
＊＊ 又称氟利昂，德语缩写为 FCKW。

为了满足人们对牛肉需求的不断增长，今天人们将地球陆地总面积的四分之一当作牧场。自 1960 年以来，为了扩大牛群活动的范围，南美洲超过 25％ 的森林被砍伐一空，因为如果不是圈养而是放牧养牛的话，每头牛需要约 1.8 万平方米的活动面积。因此，一方面肉制品生产是全球一个重要的经济因素，但另一方面也直接与气候相关。

虽然近几年来，肉类生产和国际贸易遭到疯牛病、口蹄疫、猪瘟和禽流感等原因的影响，产生了剧烈的波动，但是普遍的需求却没有因此中断。目前还无法预见未来如何解决与肉类生产相关的这些问题。人们并不能禁止所有国家（如通过努力新加入小康一族的人们），剥夺他们把自己家的菜单向那些已经高度工业化国家的人们看齐的权利。另一方面，发达国家中也没有人愿意放弃这些大家都喜爱的饮食结构。

从袋鼠的胃中取出细菌用于减少牛和羊排放的甲烷气体的这一想法非常有趣，但它能否实现减少 14 亿只动物的气体排放，还是疑问多多。也许我们干脆就直接接受我们肉制品消费带来的气候后果，或者是在某年某月转而食用人工合成的、在试管中培育出的产品，这倒是能够保证不再影响天气。

母鸡喜欢暖和的天气：当然仅在它被冷冻起来之前

德国鸡肉进口总值的七分之一来自泰国，虽说巴西的鸡肉更便宜，但是那里还不能够根据顾客的详细要求供货，因此德国速食生产商还是使用来自泰国的鸡肉。世界上其他地方生产的裹上面包屑的鸡胸肉、炸鸡腿或者小鸡肉块，都不会比泰国的鸡肉更便宜、或者生产质量更好。对于速食生产商来说，最重要的便是每一份配料的多少必须非常精确，而泰国能够供应每块正好 70 或 80 克重的童子鸡胸肉，误差在 2 克内。夫罗斯塔（Frosta）公司 70％ 的鸡肉都从泰国进口，鸡腿在泰国的时候就已经被裹好面糊、煎好、炸好或烤好了，肉脯也已经蒸好了。

泰国的鸡肉生意牢牢掌握在少数几家大生产商手中，他们在农场里将标准鸡养大，经营着饲料磨坊和屠宰场，并加工肉类，每周能加工 2 000 万只肉鸡。这些肉被冷冻起来，在 22～25 天内用船运往不莱梅哈芬（Bremerhaven）。

通过将鸡肉生产转移到其他气候更适宜鸡生长的地区，人们不仅能用更便宜的价格买到更好的肉制品，还能将环境问题转移到消费者的视野之外。在气候保护的框架内来看，这肯定不是令人满意的解决方案，但是只有这样做才不会造成涨价，或者速食食品的包装袋上只要求印刷成分标志，而不要求印刷同气候相关的信息，那么这一做法还将延续下去。

医疗行业：天气与疾病

对天气的敏感让经济付出上百万代价

天气直接影响人类的健康状况，这一点医生和医疗保险公司会有所体会。一个耳鼻喉科医生只需要早上听一下天气预报，就能知道这一天是否会有很多病人来看病。

所谓的天气敏感性这一现象，虽然传播甚广，但很少有人去研究其成因。慕尼黑大学的工业和环境医学院（Institut für Arbeits-und Umweltmedizin der Universität München）与阿伦斯巴赫民意测验所（Demoskopisches Institut Allensbach）联手于 2002 年发布的一份调查问卷报告中表明，被调查者中共有 54.5％的人确信天气影响了他们的健康，但这一结果表现出了明显的性别和年龄上的差异：28％的女性认为天气情况与她们的健康有明显关联，相反男性受访者中持此观点的只有 9.6％；超过 60 岁以上的人群中有 68.3％的人对天气敏感，而 16～29 岁的被访人群中的这一比例只有 40.5％。

令人吃惊的是，农民和管理层员工这两种职业最快感觉到自己的健康受到某种天气情况的影响，比例分别为 76.9％和 62.9％。从地区上来看，天气敏感程度的分布也有很大的差异性，在德国北部的海边地区为 60.9％，而相对拥有大陆型气候的柏林只有 46.5％。

特别是在暴风雨即将来临之时，人们会出现对天气敏感的症状，这在受访人群中至少占到 30.3％，或者是气温下降时，对此有感觉的比例为 28.8％。在德国唯一受燥热风影响的巴伐利亚州，人们需定期忍受来自南方的暖空气的侵袭。天气骤变带来的最常见的后果是头疼或偏头痛，受访者中有 61.3％的人通过这种方式感觉到天气的影响，47.1％的人觉得天气让自己疲乏无力，45.9％的人觉得睡眠受到影响，还有至少 42.4％的人觉得天气让自己的活动受到限制。

对天气过于敏感的人中，有三分之一每年至少有一天无法从事日常工作，有 20％的人甚至一年中会出现多次这样的情况。平均下来，因对天气敏感而丧失工作能力的天数每年约有 10 天。

在找寻由天气引起的疾病症状过程中，人们发现，气压一改变，首当其冲受到影响的往往是心血管系统功能较弱、高血压或者血管壁增厚的人们。患过心肌梗塞的人，对天气变化的感受能力比健康人要强三倍。毕竟每个人身上都要承受近 20 吨的气压，只是我们没有觉察到罢了。如果我们身处

受低气压影响的地区，那么这一地区的气压可在几小时内增加或减少半吨。还有高温和无风天气也可能会对人体造成危害。

一项对 1968—1997 年间死亡原因的调查表明，与统计数据的平均值相比，人体对炎热天气的应激反应让死亡事故的发生次数增加了 25%。体温的自我调节功能毕竟可以最多下调 20℃，当体温从 37℃下降到 17℃的时候，人体自身还能够适应这一体温变化，但如果再多下降 5℃的话，就能造成生命危险了。

当说到有关疾病症状是否会表现出来时，每个人所谓的"体感温度"也十分重要。一个中欧人觉得舒适的温度范围是日平均温度在 16～12℃之间，如果超过或低于这一范围，就可能引发问题，他多半会觉得炎热是一种压力，而寒冷是一种刺激。但无论如何，人类对天气的感知一直与他所居住的地点密切相关，有时几千米外的天气可能明显更舒适，也可能明显地更加让人难以忍受。

人们在研究健康与天气的直接联系的同时，天气与感冒类疾病、晒伤和对花粉的哮喘反应间的联系已经明朗化。在 9 月—次年 3 月间特别常见的感冒类疾病，按统计数据显示，它每年使每个医疗保险投保人大约请 20 天的病假。如果按平均时薪 23 欧元，每天工作时间 7.5 个小时计算，1999 年感冒给德国国民经济带来的损失超过 1 020 亿欧元。

大部分德国人只要体温超过 38℃，就会让医生开出病假单。而一些更轻微的症状，如打寒颤或流鼻涕等，也能让尤其是 14～29 岁间的人群有理由不去上班，这个年龄层由于怕冷而请假的比例竟有 16.1％。

综上所述，天气虽不会直接致人生病，却能加重疾病症状。天气对经济的影响除了与健康状况相关之外，还会间接地造成意外事故。在慕尼黑大学的一项关于交通事故数目与不同天气参数的关系研究表明，不仅雨雪天气是造成事故形成的原因，高温天气同样也会引发事故，天气炎热比凉爽造成的交通事故多出 18％。与其他国家相比，就算是那些常年炎热的国家，例如沙特阿拉伯，如果气温超过了平时习惯的温度，交通事故发生的数量也会上升。

当气温超过 27℃时，人的感知能力、反应能力和注意力都会显著下降，这一结论是由工业医学中，有关高温对工作造成的负担与工作事故数量的研究中得出的。如果未来德国的平均气温继续上升，那么我们必须预计到会出现更多的健康状况方面的问题，气候负担会引发更多的事故。

现在还没有人能够预料到我们需要多久的时间才能适应新的天气状况，并感觉它是"正常"的，具有热岛效应的大城市还将面临特殊的问题。在未来，谁不能在空调房间里工作、生活、居住、睡觉，他就可能要做好心理准备，不仅工作效率会下降，还会有健康状况的负担，预期寿命也会比预测的趋势更短。

气候变化影响健康

2003 年 12 月世界卫生组织提交了一份研究报告,主要内容是天气、空气污染、水污染和食品污染对健康的影响。世界卫生组织以此得出结论,每年都有超过 15 万人死于气候变化带来的后果。

在这个数据里还包含了由气候变化引发的全球 2.4% 的腹泻患者,以及 2% 的疟疾患者。还有死于 2003 年欧洲高温热浪的 2.7 万人也被计入这一数据当中。世界卫生组织也得到越来越多的证据,全球气候变化会给人类的健康幸福带来深远的影响。

热带病医学:

一个几十年来都在萎缩的市场

热带的气候和天气会让人生病,这并不是直接地,而是以有利于有致命危险的传染病传播的方式间接地致人生病。自从工业国家失去殖民地以来,人们对于研究热带疾病和研发适合药物的兴趣便大幅回落了。

因为当时医学研究的目的并非是为了帮助当地人民,而是为了救助在当地生活的欧洲人。19世纪，85％在西非工作的欧洲人死于疟疾，或者是带着长期的病痛回国。在殖民地，死于疟疾的士兵比死于战斗的士兵还要多，因此军队领导对疟疾的预防和治疗有很大兴趣便不足为奇了。

今天，虽然世界上五分之四的人口生活在第三世界国家，但他们的健康需求却很少得到关注，其中疟疾便是最著名的被忽视的疾病之一。人们并不使用现代药品，而是仍然使用艾伯特·史怀哲＊（Albert Schweitzer）使用过的药剂进行治疗。无论如何，制药工业的全球研究性支出里，90％都投入到了只占世界疾病10％的需求里，按照世界卫生组织的估算，世界人口的80％仍依靠传统的治疗方法，因为他们无法得到现代药品。

在1975—1999年新研发出的总共1 400种药物里，只有少于13种可以医治热带疾病，还有3种是治疗肺结核的。尤其受忽视的是睡眠病、查加斯病（Chagas）和利什曼病（Leishmaniose），这几个领域完全没有任何研究成果，而受到忽视的理由很简单：第三世界国家的人民无力负担昂贵的药物。因此他们只能凑合着沿用了几十年的治疗方式，或者靠意外的偶然发现治疗，即兽医学的副产品。

世界五分之四的人口的药品消费额仅占世界药物销售的五分之一。2000年正在研发的137种药品中，只有一种药预

＊ 他曾在西非加蓬创立兰巴雷内医院，于1953年获得诺贝尔和平奖。

期针对睡眠病，一种针对疟疾。而今天最大的药品销售额来自保健型药物（Lifestyle-Medikament），在 2000 年，有 4 种药针对睡眠障碍，7 种针对肥胖，还有 8 种针对阳痿。制药工业对这一趋势的解释是，研发一种新药品的花费太高了。

与此相联系的是，通常情况下一笔 8 亿美元的药品研发投资，并不是事实上投入的资金金额，而是一旦到位就投入股市的钱。实际上药品开发的成本只有约 2.5 亿美元，因为在美国研发经费是可以抵税的。

目前的实践表明，对热带传染病问题置之不理的这一局面，长期都将不会得到改善，就像人们无法改变传染病的成因——困难的气候条件——一样。

热带病正在北移

也许听闻未来炎夏天气将会增多时，大部分的中欧人都会觉得是个好消息，但坏消息是，随着气温的升高，将会有越来越多的传染病传播到德国，而这些疾病迄今为止都只在热带、亚热带或偶尔在地中海区域出现过。除了疟疾和利什曼病，这些病中还包括黄热病和登革热。

甚至还有人怀疑，这些病的病原体已经到达了德国，只不过没有引起注意罢了，这一假设基于越来越多喜热昆虫从外国徙居德国，例如白蛉（Sandmücke）。之前人们认为，这种昆虫无法在阿尔卑斯山以北的地区生存，但当人们特意去寻找它的时候，发现它们仅在巴登—符腾堡州就有 15 个不同的栖息地。被发现的蚊子并非在野外逗留，而是在有房屋的居住区发现的，这里温暖且有足够的食物——人血。

这种体型超小的白蛉能将利什曼病寄生物传播到人体中，而利什曼病是一种潜伏危险性极大的疾病，因为它的潜伏期少则几周，长则数年，而且它的症状在德国肯定不会立即被诊断出来——肚子疼、发烧、腹泻和体重下降一般都会被诊断为别的疾病。只有当更多症状出现时，如肝脾肿大，再加上当血象改变和肺、肠出血时，医生才可能会诊断病人患有利什曼病。

问题的特别之处在于，如果作为疾病传播者的白蛉一旦存在，那么这一病症也能通过家养宠物传染给人类，以前人们一直以为这是不可能的，但是现在人们对它的了解更深入了。这样一来，比如人们去西班牙或葡萄牙度假时带回的狗，如果它被传染了疾病，那么不仅会对新主人，也会对其他人造成威胁。

很多人觉得无足轻重的夏季流感，目前在德国也很有可能是传染上了西尼罗河病毒（West-Nil-Virus）。这种病毒于 1937 年在乌干达被发现，但人们以前认为它只能在非洲传播，但几年前它却在纽约出现，可能是通过一只非法偷运的鸟类携带入境的，并在三年内，借助北美当地的蚊子将病毒传播到整个美国，且在 2003 年一年美国就有超过 8 000 人被

传染。

　　还有本来仅在热带传播登革热病毒的蚊子种类，首先传入美国，并在那里形成一种更耐寒的品种。这一次的运输工具是汽车轮胎，蚊虫卵附着在上面，通过这种方式它进入美国，又从美国迁徙至欧洲。在欧洲它们首先停留在意大利和法国的温暖地区，这种蚊子在法国的活动范围最远大约到达了诺曼底，而它们何时会在德国出现，也只是一个时间问题了。

天气与金融市场：
通过避险措施免受恶劣天气的影响

近几年来，企业可以采取避险措施免受因天气原因造成的收入亏空，即通过购买天气衍生产品避免损失，它属于创新型金融产品，并不以价格或指数水平为指标，而是根据降水量、雨天天数、日照时长、空气温度或风速制订合约。天气衍生商品并不在股市交易。世界上约 85％的天气生意涉及温度风险，10.7％有关下雨，1.6％与风力强度有关。

天气优先购买权的交易方式是，企业支付一笔保险金后，一旦出现对业务造成负面影响的天气状况，便有权取得支付性补偿，而企业是否遭受了损失并不重要。

天气衍生商品的主要供应商是银行和保险公司，大型能源集团也提供此项服务。基本上这种合约是以单独协议为基础的，并直接按企业的需求量身打造。保险期和补偿支付的金额多样多样，从几千到几亿欧元不等。

价格制定的基础是过去的天气数据和企业内部的数据资料，前者可以对某个天气状况出现的可能性到底有多大给出详尽的答案。衍生商品的供应方可为对立的需求双方提供契

约，以平衡自身的风险，因为可能一家企业在夏天也想雨天多一些，而另一家却主要需要晴好的天气。

比如一家啤酒花园的老板可以购买一份天气优先购买权合约，以保证自己在旺季最重要的 15 天里，只要气温低于 20℃就要求获得补偿；而相反一位农民可以签订一份补偿合约，只要夏天的气温超过 30℃便可以获得补偿支付。

第一份天气衍生商品出现在 1997 年的美国，在能源企业认识到能源销量与天气息息相关以后。在 2002 年，全世界约有 4 000 份天气优先购买合约签订，市场总额达 4.3 亿美元，其中美国市场占据 70％的份额，排名第一。德意志银行（Deutsche Bank）预计从中期来看，世界天气衍生商品贸易的增长率将会达到两位数。

迄今为止德国的天气衍生商品贸易的繁荣期还没有到来，但越来越多的企业，特别是能源供应商、建筑企业、旅游和休闲活动行业，已经发现了这种天气合约会给自己带来好处。而德国的农场主还相对较少利用这种保护自己免受恶劣天气影响的避险策略。

以美食公司凯弗（Käfer）为例，它就为避免啤酒节时出现恶劣天气而购买了天气衍生商品；柏林能源电力公司（Bewag）则是第一家购买避险措施的能源供应企业，以防止冬天过暖和远程供暖业务销量下降引起的损失；相反曼海姆的能源供应商 MVV 购买了针对炎夏的天气衍生商品，因为天气一热，企业便不得不购买价格高昂的电力生产设备。

日本的几个例子可以很好地说明天气如何间接地影响了经济，而人们如何能够针对这一现象采取避险措施。樱花盛开对日本人来说是件意义特殊的事，在四月末所谓的黄金周樱花祭"花见"（Hanami）时，数十万计的日本人会到野外野餐，而一旦天气回暖得早，那么樱花也会提前盛开，而野餐只得取消了。

　　在日本的北部城市青森（Aomori），出租车司机每年三分之一的收入来自樱花祭时期，为防止营业额骤减，很多出租车司机都购买了天气衍生商品。只要在 3 月 22—4 月 19 日期间，有一天的平均气温超过 8℃，保险公司就必须为那一天支付补偿金。

　　对日本北部岛屿北海道来说，天气太热也会造成旅游业的损失。游客在 1 月会去那里观看鄂霍次克海（Ochotskisches Meer）浮冰上的狐狸，如果天气太温暖，风将冰吹离陆地的话，也就不会有游客来了。日本的保险企业也为旅游机构提供针对这种情况的解决方案，但对私人的烧烤聚会还不提供相应的天气衍生商品服务，按专家的看法，销售额至少要达到 15 万欧元上下时，才值得投这样的保险。

　　金融经济却不仅为相关企业提供规避风险的服务，还为投资者提供了自身参与到风险规避中来、并以最经济的方式获利的可能性。保险公司出售所谓的"巨灾债券"（Katastrophen-Bonds，Cat-Bonds），在美国也是一种针对飓风出现的"赌博"业务，也有人认为加利福尼亚州必然会发生地震，或

者欧洲必然会遭遇暴风雨。

巨灾债券的利息在 5%～15%，损失出现的概率平均仅有 0.8%，但一旦出现损失，那么前期的投资便血本无归了。瑞士再保险公司是欧洲巨灾债券最重要的推动者之一，2003 年瑞士再保险公司发行了价值 250 万美元的巨灾债券。

所谓的"瞬时"巨灾债券（Live-Cat-Bonds）是一种特殊的商品，比如当飓风即将到来时，投资者还能够借助这种贷款分摊天气灾害的风险，但他必须快速作出决定。一般"瞬时"巨灾债券的价格只在一小时内有效，价格的变化和天气本身的变化一样快。

气候变化与灾害：
天气对经济的危害有多大？

在过去的三十多年里，重大自然灾害的数量增加了 3 倍。根据世界上最大的再保险集团慕尼黑再保险公司提供的数据，20 世纪 90 年代发生的自然灾害数量是 60 年代的 3 倍，造成的损失为 60 年代的 6 倍，保险公司的支出则是 60 年代的 16 倍[*]。

按照慕尼黑再保险公司的解释，造成这一发展趋势的原因是：城市扩张且易受侵害区域越来越大，人口和财富集中在越来越多的城市里；现代工业社会越来越无法抵抗灾害；加速的环境破坏，在自然事件领域的投保密度增加了。

虽然在过去的三十多年中，自然事件发生的数量没有变化，但这些事件却越来越频繁地引发灾害，因为现代社会越来越容易受到伤害，在业界享有"灾害专家"之名的格尔哈特·贝尔兹（Gerhard Berz）如此说道。

贝尔兹为慕尼黑再保险公司计算了 30 年自然事件的风

---

[*] 详见附录中附表 3《1950—1999 年全球重大自然灾害》一览表。

险，并建立了地球风险研究小组（GeoRisikoForschung）。至今还没有人能像他那样精准地判断出，人们必须预防何种灾害，以及灾害可能会造成多大的损失。2004 年底贝尔兹退休，他的继任者彼得·霍普（Peter Höppe）在马尔代夫的一个岛屿上亲历了 2004 年 12 月 26 日海啸的惊人威力。

极端天气状况增多

贝尔兹认为，在过去的几年中，极端天气状况一直在增加，这是全球变暖现象持续推进的重要标志，但在他看来，人类活动造成的气候变化是否可以得到证明，何时能够证明，这些都不是决定性的，重要的是，对于气候变化造成的影响，气候模式能否给提供我们可信的评估。

当平均气温上升时，极端天气状况的出现是不可避免的。例如，当暖冬时，东欧的冷高压变弱，大西洋的低气压就少了一道障碍，便能够长驱直入到达欧洲大陆，后果就是在德国的纬度上冬天的风暴将变得更加猛烈。如果夏天德国的气温比普通情况下仅高上 1℃，闪电的数量就会增加 50%。

沿海人口密集区域受到天气威胁

在近几十年里，人们可以观察到，不仅越来越多的人和企业以普遍更加集中的方式，居住在地理上相对较少的几个密集区域里，而且他们定居的城市和地区，都特别容易受到特定天气状况的侵害。

根据联合国的数据，1950 年，当时世界 27 亿总人口中只有三分之一居住在城市，即只有 9 亿人在城市生活，而大部分人分布在人口较稀少的区域。2003 年，世界总人口数达到了 63 亿，其中有 31.5 亿居住在城市。

在沿海地区，人口密度上升得特别快。今天，有 30 亿人，即世界人口的近一半，居住在沿海宽度仅为 200 千米的一条狭长地带上。到 2025 年，预计随着人们持续向沿海方向的迁居，生活在沿海地区的人口数量将再翻一倍。

这就是说，按预计那时世界人口达到约 84 亿计算，就有约 60 亿人，即总人口数的三分之二，将住在海边而非内地。极端天气状况可能引发的损失范围、造成的影响自然大大增加了。

因此，人们既不能将沿海地区的损失越来越大归咎于天气，也不能进一步将明显的天气变化看作自然力的增强。损失额与增长的人口密度有直接关系。定居沿海地区、人口和企业向密集地区聚集，人们这些为了得到物质上的好处，或是为了生活得更舒适所作出的决定，需要承担更大的风险，这一风险也要求人们支付更多的保险金。

但这些保险措施，发展中国家和准发达国家的小企业或是普通工人都负担不起，他们宁愿自己承担风险去大城市寻找工作和订单。而这种对防护保险的放弃，却为再保险公司带来了利益。

世界上最大的 20 个城市中，有 14 座位于海边。预计

2003—2015 年，人口增长最快的城市有：

孟买（人口从 1 740 万增长到 2 260 万）；

加尔各答（人口从 1 380 万增长到 1 680 万）；

雅加达（人口从 1 230 万增长到 1 750 万）；

达卡（人口从 1 160 万增长到 1 790 万）；

卡拉奇（人口从 1 110 万增长到 1 620 万）；

拉各斯（人口从 1 010 万增长到 1 700 万）。

由暴雨等灾害造成的损失不仅与受灾人数有关，还包括了他们的财产价值。从 1960—2000 年，世界范围内的富裕人口翻了一倍还多。至少单纯从统计数据上来说，容易受到灾害影响的沿海地区的人们，可能的财产损失比以前至少高了一倍。

2000 年，仅在佛罗里达州南部的两个沿海区县——戴德县（Dade）和布劳沃德县（Broward）——居住的人口，就比 1930 年美国大西洋沿岸所有 109 个区县加在一起的还要多。在一个世纪里，佛罗里达的沿海人口增长了 50 倍，而整个美国的人口只增长了 4 倍，如此，近几年来美国的飓风损失从价值上看越来越大，也就不足为奇了。

损失纪录最高的是 1992 年的安德鲁飓风（Hurrikan Andrew），损失总额达 300 亿美元。如果遭受安德鲁摧残的地区，在 1926 年就像今天这样富裕和人口密集的话，那么正恰如 1926 年在同一地区发生的那场灾害那样，只要一个无名的四级飓风，在当年便会引起金额高达 700 亿美元的损失。

早就应该采取措施了

贝尔兹预计，未来极端天气事件的出现将会急剧增加，例如高温炎热天气、干旱、暴雨、冰雹和热带风暴。按照他的看法，至2100年，平均温度可能会上升4～6℃。

慕尼黑再保险公司从很久以前就呼吁针对全球气候变化采取迅速、坚决的应对措施。

因为在可预见的时间里，气候模式演算出现错误的风险还很大，因此贝尔兹认为，研发出可调节的策略，将变得更加重要。比如能源消耗减少就是其中的一项。但另一方面，预警系统也必须得到改善、扩大并加强国际间的协作，以便能够及时对公众发布极端天气事件即将出现的预警。

2004 年是最大的灾年

回顾过去，我们能明显发现，进入新世纪以来，我们经历了一个又一个的灾年，损失也越来越严重。对保险经济来说，在2004年12月26日亚洲发生损失高达400亿美元的海底地震以前，这一年就已经是有史以来损失最大的自然灾害年了。国民经济损失与上一年相比增幅达一倍，超过1 300亿美元。慕尼黑再保险公司列出的自然灾害数目为650起，这与过去10年的年平均数相持平，其中约一半是风暴和雷雨灾

害，但造成的损失却占所有保险总损失的 90%。

按慕尼黑再保险公司的看法，不管是从损失规模还是从气象资料来看，大西洋的飓风季和太平洋的台风季都极不寻常。在 3 月底，巴西海岸线附近有史以来第一次形成了一场飓风，在联邦州圣卡塔琳娜州（Santa Catarina）造成了严重的建筑物破坏，而这一地区之前因为南大西洋水温过低，被认为是不可能形成飓风的。热带气旋形成的前提是水温至少要达到 26℃。

飓风查利（Charley）、弗朗西斯（Frances）、伊万（Evan）和珍妮（Jeanne）横扫加勒比海的众多岛国和佛罗里达州部分地区，这不仅为保险经济创造出最高损失纪录——超过 280 亿美元，也给国民经济带来了近 600 亿美元的损失。这是有史以来造成损失最严重的飓风季。

在 2004 年 6—10 月间，日本共遭受了 10 次热带气旋的袭击，这个数字自从五十多年前有天气记录以来，从没有哪一年能够逾越。11 月底，台风温妮（Winnie）在菲律宾肆虐，带来洪水般的暴雨，造成逾 750 人丧生。在德国、法国、意大利和英国也曾出现小型龙卷风，但并未造成重大损失。

在 5 月，携带大量冰雹和约 85 个龙卷风的雷雨前锋袭向美国中西部，给保险业和国民经济分别造成超过 8 亿美元和超过 10 亿美元的损失。

2003 年则是强风暴和超高温的一年，投保损失共计 160 亿美元，国民经济损失则超过 650 亿美元。在列出的 700 个事件中，暴雨和风暴占三分之一，引发了 75％ 的投保损失。

在 4—5 月中，一系列的龙卷风和暴雨冰雹造成了美国保险业约 50 亿美元的损失，一系列龙卷风的袭击带来的损失超过 30 亿美元，是美国保险业历史上损失最严重的 10 次风暴之一。在 9 月下半月，飓风伊莎贝尔（Isabel）给美国东海岸带来总价值 50 亿美元的损失。

在 7 和 8 月，极端高温天气和欧洲数次森林大火共造成约 2.7 万人死亡，国民经济损失达 130 亿美元。从气候学上来看，德国 6—9 月的高温纪录是 450 年才一遇的事件，但根据慕尼黑再保险公司的看法，随着大气层持续不停地变暖，从纯粹的统计学角度来说，这种高温天气从 2020 年起就不再是 450 年一遇了，而将变成每 20 年就会再次出现。

5 和 6 月，印度、孟加拉和巴基斯坦出现高温天气，最高气温达 50℃，6—9 月那里又发生了严重的洪灾；中国的国民经济也因洪灾损失近 80 亿美元。

从全球角度看，2002 年是自有全世界温度记录以来最热的一年，慕尼黑再保险公司将其视为无法抑制的全球变暖趋势的凭据。这一年，他们列入的灾害事件共计 700 起，共造成 550 亿美元的国民经济损失和近 130 亿美元的保险损失，其中风暴和洪水事件约 500 起，构成了投保总损失的 99％。

韩国、日本、留尼汪岛（La Réunion）、墨西哥和美国都受到了热带气旋的侵袭。4 月底，美国的中西部遭到超过 30 个时速达 300 千米的龙卷风的袭击，给保险人带来的损失达

16 亿美元,是有史以来最严重的龙卷风灾情。10 月,冬季风暴珍妮特(Jeanette)几乎扫荡了整个欧洲西部和中部,仅德国的保险损失就达到约 10 亿美元,还从来没有一个单一的飓风能造成这么严重的损失。

在欧洲,马略卡(Mallorca)8 月在短短的 3 小时内降雨 224 毫米,引发了洪水、泥石流和碎石山崩。8 月 12 日,德累斯顿(Dresden)24 小时内降水 158 毫米,是当地最高值的两倍还多。9 月 8—9 日,罗纳河谷(Rhonetal)36 小时内降雨 670 毫米,大大高于当地正常情况下年降水量的一半。相反,在澳大利亚和美国出现了长达数月的干旱和高温,严重破坏了当地农业,引发了多次毁灭性的森林大火。

气候变化的后果

自 2004 年 12 月 26 日东南亚的海啸灾难以来,全球对自然灾害的抵抗力有多差,包括天气在内的不同自然现象之间有何种联系,这些问题以越来越高的频率出现在人们面前。专家们一致认为,环境未受破坏时,能削弱很多海岸地区巨浪的力量,以此减少损失和人员伤亡。

早在 1998 年,人们就发现印度洋的珊瑚礁白化事件发生的频次增高,在 2001 年 IPCC 的报告,以及 2003 年联邦政府全球环境变化科学咨询委员会的特别意见书中都指明了这一点。意见书中提到："暗礁的退化也会导致海岸抵抗大浪和风浪的基础设施少了一道天然屏障。"*

珊瑚白化事件明显是由于气候变化造成的水温上升，导致珊瑚可食用的海藻大量消失。当然众所周知，这是由一连串连锁的长期因果关系引起的，但不能因为我们不了解它们之间复杂的作用关系，就表示这些事件不会发生。

即使是人类今天已知的具体危险，仍然有巨大的杀伤力，因为没人知道它会以何种方式袭击人类。举一个例子，加纳利群岛中的拉帕尔玛岛（La Palma）上的康伯利维亚火山群（Cumbre-Vieja-Vulkankette）可能会发生崩裂的现象。伦敦本菲尔德·格雷风险研究中心（Londoner Benfield Greig Hazard Research Centre）的英国地质学家西蒙·戴（Simon Day）与他的美国同事加州大学的斯蒂芬·N·瓦德（Steven N. Ward）确定，近 2 000 米高、长 14 千米的康伯利维亚火山群中，有一道水平的裂缝贯穿南北，它可能是在 1949 年 7 月上一次大型的火山喷发中形成的。

这座火山的侧面笔直地没入海中，如果再发生地震或岩石崩塌，山体便会失去支点，可能会有约 5 000 亿吨的岩石落入海中。科学家在其附近的耶罗岛（El Hierro）发现的一些迹象显示，那里在 12 万年前也发生过类似事件，而现在巴

---

* Sondergutachten des wissenschaftlichen Beirats der Bundesregierung Globale Umweltveränderungen. 2003. Über Kioto hinausdenken-Klimaschutzstrategien für das 21. Jahrhundert. Berlin：WBGU.

哈马群岛上还可以看到因山崩而引发的海啸的痕迹。

如果康伯利维亚山体发生侧面滑坡，将会有大量碎石随山崩滑入 60 千米外的海中，首先会造成约 650 米高的大浪，接着这股异常波将会以约每小时 720 千米的速度向北、向南、特别是向西边的大西洋挺进。人们估计，当它在 1 小时后到达摩洛哥时，海浪仍将会高达约 100 米，而在到达英国、法国和西班牙海岸时，浪仍会有约 12 米高，甚至在德国北海沿岸一直到汉堡一线，预计都会造成很大的破坏。

受害最严重的将会是美国的东海岸、佛罗里达地区、加勒比海地区和巴西北海岸。那时仍高达 50 米的水墙将冲击海岸 8～9 小时，还会冲进 20 千米内的内陆地区，完全无法预估其可能引起的损失。

没有人能预计康伯利维亚火山下次何时喷发。目前火山每几十年就活动一次。至今还没有人仔细研究过，那条裂缝究竟有多大、多深、是否正在发生变化。但人们知道，岛的西侧在五十多年前曾因为当时的火山喷发而产生了 4 米的位移。

与这种场面相比，人们目前可预见的气候变化的后果远没有那么惊人，但是一旦出现，它将给全球带来同样意义深远的影响。

天气信息业务走向繁荣

德国天气观测的历史可能源于 1652—1658 年间朗海姆 (Langheim) 或班贝格 (Bamberg) 地区的西妥教修道院，当时人们试图借助特定的天气状况预测未来的天气发展。德国上巴伐利亚地区的霍恩施旺高城堡 (Hohenpeißenberg) 于 1781 年开始了首次连续不间断的天气观测。1847 年普鲁士气象研究所于柏林成立，1868 年北德海洋观测所在汉堡成立。1934 年帝国气象局的建立迈出了接下来最重要的一步。1952 年，在西方同盟国占领区内的多家气象局联合起来，在相关法律的基础上，建立了德国气象局 (Deutscher Wetterdienst, DWD)。

按法律规定，德国气象局的任务包括提供气象服务、为航空和航海提供气象保证、对天气现象发出预警、长期和短期的气象统计、气象变化过程的监督和评估、气象事件的预测以及对大气层中放射性微量元素的监督。

"只有坏消息也意味着好新闻。"这条在新闻界流传的古老名言，从天气角度出发，一定适用于报纸或电视报道，但对于气象报道则并不适合。套用新闻从业者的行话，电台和

电视里的天气报道早已发展出了一套独特的模式。

现在，人们不仅要预测天气，还要展示天气。今天，天气是由知名专家播报的，取代了之前由话外音附加温度和降雨概率的方式，天气报道因此几乎有了"表演成分"。能够在电台或电视上评论天气的人，会成为媒体明星，脱口秀节目和其他活动也会邀请他发表观点，约克·卡赫门（Jörg Kachelmann）及其团队便是最好的例子。气象传媒公司（Meteomedia AG）的人已不仅是气象主播，还成了有经纪人的知名人物，由经纪公司商议决定他们出席何时何地的活动，酬劳是多少。

广告与天气的组合像是天生一对，因此气象报道在电台和电视上的地位越来越重要，网络上的天气预报也是如此。当然在网上，大型传媒集团也要参与其中，不仅获取广告费，还有部分收入来自用户本身。

媒体中的天气早已经不再局限于大气中明天会发生什么样的状况，背景报道反而越来越受欢迎，虽然这对天气事件本身没有意义，但是却可以额外引起大家对这个问题的兴趣，起到了气象与媒体相关赢利部门之间的连接作用，即做知识生意。在这里，气象的专业表述不再是中心问题，节目的宗旨是为了让观众理解复杂的大气或地球物理学过程。

德国气象局与私营气象公司之争

美国的气象产业市场欣欣向荣，共有约400家企业活跃在这个市场上，共有雇员3 000余人。美国的商业天气预报的销售额每年估计超过 10 亿美元，经折算后德国的销售额仅有 3 000 万～5 000 万美元。

美国的国营和私营气象服务互相合作，但德国气象局与私营气象公司间却一直处于"战争"状态。美国国家气象局仅提供与安全有关的暴雨警报和普通的天气预测服务，它为私营气象公司免费（除转播费用外）提供全部测量数据和模式计算结果，而私营气象公司向市场提供专门为顾客需求量身打造的信息。

德国则完全不同。直到 20 世纪 90 年代初，德国气象局在某种程度上还垄断着气象信息，它是在联邦管理下的交通部的下属部门之一。按法律规定，自 1998 年起，德国气象局有责任以营利为目的提供它的活动数据，以减少国家支出费用，而所有商业活动都必须保证其成本来源。德国气象局为电台、电视、纸质传媒、企业和其他私人顾客不仅提供原始资料，还提供完整的天气报道。

私营气象公司自 90 年代初进入市场以来，对德国气象局的主要批评集中在它的两面性上，即既扮演企业角色，又保持着国营特性。为更好地实现他们的利益，私营气象公司于 2002 年 10 月成立了德国天气服务商协会（Verband Deutscher Wetterdienstleiter，VDW）。协会自 2004 年起注册以来，如今共有 18 个成员。目前，在协会的敦促下，私营天气服务商可以使用特定数据，但协会并未满足于此——他们仍然要求德国气象局免费提供所有的原始数据。

其中气象传媒公司的老板卡赫曼对德国气象局的批评最为强烈，他一再指责气象局作为国家资助的机构，却用低廉的倾销价格将它的预测卖给媒体，以此破坏市场。这一点也于 2002 年底得到了联邦审计院（Bundesrechnungshof）的证实，他们确定德国气象局卖给电台和报纸的信息价格，不足实际花费的 40％，因此德国气象局远远达不到法定效益。

2003 年 2 月，德国气象局宣布，在 2004 年 1 月前，完全退出与媒体合作的业务，它将仅给有能力利用原始数据作出自己天气报道的媒体提供原始资料。按德国天气服务商协会的观点，气象局到目前为止都没有从媒体业务中抽身，德国气象局仍然与私营服务商进行激烈的斗争，例如在自动订阅类邮件业务（E-Mail Newsletter）上。

在德国气象局主页上媒体服务一栏似乎证实了这一观点，上面写着："天气和气候一直是新闻报道中最热门的话题。实时天气事件、精准天气预测、暴雨警报或者是针对您一日行动主题的提示信息——我们为您的展示提供必需的基本咨询。"网页上还列举了一系列可提供给媒体的基本成果，例如地区预报、欧洲和地中海地区旅游天气（标准）、花粉分布预测和生物天气，除此之外还有天气回顾和个人天气咨询，例如针对外景地拍摄的天气咨询。

科技水平很高的德国气象局

德国气象局今天共拥有超过 4 200 个测量和观测站，其中 3 500 所是降水观测站，这里面有些也测量风力。121 座人工气象站和 52 座全自动气象站连续不间断地观测天气，并将测量结果每小时汇报给地面。除此之外，还有 480 座气候站里的名誉观测员每天三次在固定的时间点里记录天气状况。在德国 130 几个不同的地点有约 2 650 位相关气象工作人员。

有 52 座气象站主要负责为北海、波罗的海、博登湖（Bodensee）、上巴伐利亚和麦克伦堡（Mecklenburg）地区的湖泊提供风暴警报，有 15 座雷达气象站监测危险天气现象（如冰雹、雷暴和强降雨）的方位，另外还有 40 座气象站监测空气和降水中的放射性物质，9 座高空气象站主要进行大气层探测，还有 4 座位于商业船只上的流动高空气象站，3 座位于海洋考察船和渔轮后勤船上的海上天气观测台，以及 2 座位于北大西洋上的漂流浮标观测站。

以下数据能给我们对即将加工的数据量有所了解：在奥芬巴赫（Offenbach）的国际通讯中转站里，每天要接收到 4 亿个信号，传送 12.5 亿个信号给其他国家的气象局。每天欧洲通信卫星公司（Eutelsat）的卫星会给约 100 个接收站发送 5 000 份数据，还能在网上每天为 3 000 名顾客发送 18 000 份数据。世界上有超过 1 万座观测站、数千架飞机、7 000 艘船只、1 400 只探测气球及 4 000 只海上观测浮标用于收集天气数据，还有 10 颗气象卫星，包括欧洲气象卫星（Meteosat）。

因此，整个天气行业是以高科技网络为基础的，它由观测站、信息传递结构、高度复杂的数据加工方法和同样复杂

的展示技术组合而成。这些设备和仪器不仅要建造、安装、使用和维修，人们还必须将其更新，与最新科技同步，以保持自身的竞争力。

没有人估算过全世界有多少人直接和间接地从事气象产业。人们只需选取飞机的天气观测做例子就可以初步了解这一数目究竟多大。这种飞机是特制的，也要进行飞行，地面和机场运营人员完全或部分依靠气象观测来生活；而飞机往地面站点传送数据、提取和分发数据也是气象产业的一部分。

单是能使用天气数据还是不够的，这些数据最后还要能卖得出去。因此还需要在各国雇用相应的特定企业里掌握不同语言的市场和销售人员。

天气到底有多大的可预测性

"短时临近预报"涵盖的预测时间段从几分钟到几小时不等，它指的是简单的对当前天气情况的测定，基本上在这种情况下可以不使用天气预报模式。对于飞行和暴雨预警来说短时临近预报很重要。

"短期天气预报"一般情况下属于国家气象局的任务范围，时间范围一般限定在三天之内。近几年来，在这一领域天气预报的质量持续上升，主要是因为模式的深入研发和增强了以卫星为主的观测强度。温度和风力能相对准确地被预测出来，但降水量预报就明显要差一些。

"中期天气预报"的时间范围一般不超过 10 天，在欧洲由欧洲中期天气预报中心（Europäisches Zentrum für Mittelfristige Wettervorhersage，EZMW）负责。这一领域近年来的预测能力也得到较大改善。

季节或十年期的气候预测主要为较大的地区服务，它通过气候学上的平均值预测一种（带相应变量的）趋势，也就是说，天气预报受系统所限无法进行，但季节或十年期的气候预测可为调整措施提供决策基础。

季节气候预测主要在热带做得非常成功。比如可以在 6 个月前就预测出厄尔尼诺和拉尼娜事件的发生。预测手段是通过远距离监测海平面高度、热带太平洋的海面温度，及通过浮标测量最深 500 米处的海水温度进行预测。

对中欧地区来说，十年期的气候预测对所谓的北大西洋涛动（North Atlantic Oscillation，NAO）有重要作用。更新的研究结果表明，北大西洋海域的海面温度，以十年为时间单位来看，具有极高的可预测性。

人能影响天气吗

从 20 世纪 80 年代中期开始，一遇上较大规模的城市事件，例如在每年庆祝战胜法西斯的阅兵典礼上，或者是城市

的生日庆典时，莫斯科市长就会下令，使用军用飞机上天，为城市创造出晴朗的天气。

飞机喷洒的液体中含有 4‰ 的碘化银溶液，它可以加快水蒸气的凝结，让积雨云消散。同时喷洒的还有液氮、干冰和细海盐。俄罗斯国家气象中心（Rosgidromet）的天气影响部门负责人瓦莱利·施塔申科（Walerij Stasenko）说道，人们或是让云在到达莫斯科前就下雨，或是改变云的构成延缓降雨，让云在飘过城市后才下雨。

自 80 年代中期开始，俄罗斯的气象学家还要设法阻止莫斯科下雪。按施塔申科的说法，他们成功地将每月积雪减少了 6 厘米的厚度，这为莫斯科节省了巨大的扫雪开支。

为了减少莫斯科的雨雪，所使用的物质必须要在正确的时间喷洒到准确的地点。降水是无法避免的，总要下到某处去，因为莫斯科的科学家们只能保护方圆 100 千米以内的地区，因此结果便是，大部分时候，那些雨下在了莫斯科的郊区，那里的居民应该已经抱怨连连，因为每到重要节日，郊区就会下倾盆大雨。

目前，俄罗斯的研究人员正在为降低制造晴朗天气的成本而努力，并让应用更加灵活，以便吸引来更多的顾客。因此现在使用的飞机已不是昂贵、巨大的军用飞机，转而采用四座小飞机。2003 年，保罗·麦卡特尼*（Paul McCartney）

---

* 英国前披头士乐队成员。

在圣彼得堡举办个人露天演唱会时就使用了俄罗斯国家气象中心的服务，这项使用了三架飞机的服务估计花费 5.5 万美元。2003 年 5 月圣彼得堡建市 300 周年时，也动用了 17 架飞机飞了近 3 天，估计花费 150 万美元。

但俄罗斯的气候研究工作并不仅局限于保护大城市免受恶劣天气的影响，科学家们把与干旱和冰雹作斗争视为更重要的任务。比如，夏天时，萨哈（雅库特）自治共和国（Teilrepublik Jakutien）常受到干旱的困扰，俄罗斯国家气象中心的研究者们便在那里寻找哪怕还很小的云层，并尝试利用它进行降雨。

为了阻止沙漠化，美国国家航空航天局（NASA）的科学家们正在研制一种方法，通过爆破，让雨云在先前定好的时间和地点上凝结降雨。

一家美国企业研究出了一种粉末，据说能环保地让雨云变干。在云上洒上这种粉末，便能够吸收水汽。数据称，这种粉末能吸收相对于自己 2 000 倍质量的水汽，因此 4 吨粉末就能让一朵 8 平方千米大的雷雨云下雨。

俄罗斯南部的很多地区常常受到强冰雹的袭击，橘子大小的冰雹块很快就能将整个地区全部毁坏。那里的人们也用装有碘化银的地空火箭来解决这个问题。军用火箭或弹头经过改造，每枚长 1～2 米，射程在 10～12 千米。现代雷达系统在 100 千米内就能发现冰雹云的踪迹，借助电脑程序和目标自动锁定系统，科学家们便可以找到云中的正确位置，然

后将火箭发射到那里去。目前俄罗斯的北高加索（Nord-kaukasus）、克拉斯诺达尔（Krasnodar）和斯塔夫罗波尔（Stawropol）这些总面积约200万公顷*的地区，会定期受到保护，从而免受冰雹天气的侵袭。1999年，由于资金缺乏，冰雹保护措施中止了两年。施塔申科说，为冰雹保护措施支付的每一卢布，所减少的损失都是成本的30倍。而冰雹风暴的数量仍在持续增长。2004年的前9个月，已经发射了1.5万只火箭，每只火箭的成本约为250～300美元，每小时每架飞机的投入约为1 000美元。

俄罗斯的科学家们相信，他们使用火箭对抗冰雹比美国人和德国人使用飞机的方法更加有效且迅速。阿根廷为了保护本国的种植园，已购买了俄罗斯的系统。中国也对此表示了兴趣。

在德国，人们为了与冰雹做斗争，使用所谓的"冰雹轰炸机"，它多是由双引擎的小型飞机执行任务，机翼下分别装有两个发射装置。当飞机飞到雷雨云中央时，发射装置才发动，将碘化银结晶喷洒出去，使云层散开，短短的几分钟后，大雨就会飘然而至。

控制龙卷风是俄罗斯国家气象中心的科学家们的下一个目标。有人认为，想达到这个目标，还需要好几年的时间。

美国的科学家们正在研究，怎样才能让飓风转向。罗

---

* 公制地积单位，1公顷＝10 000平方米。

斯·霍夫曼（Ross Hoffman）利用电脑模拟程序研究了不同飓风的数据后断定，温度升高1℃就足以让风暴改变运动轨迹。当然不仅温度很重要，低气压环境里的降雨和风力也很重要。但问题是，在现实中让一个好几百平方千米的地区升温是不可能的。

德国耶拿大学（Universität Jena）的物理学家们正在研制一种可以转移雷电的高功率激光，在实验室里他们已经成功迫使人造闪电沿着激光方向射出。激光可以使空气导电，以此能让闪电转移方向，这项技术也可以应用到特殊化学设备或是弹药库的防护上去。

很多年前科学家们就开始研究如何让浓雾散去，人们仍使用降雨时用到的碘化银做实验，但有些科学家认为这种粉末会污染环境。用压缩二氧化碳气体的实验虽然也成功了，但却需要两小时雾才能散去。

1999年，德国科特布斯工业大学（Technische Universität Cottbus）的化学家们，在德特莱夫·默勒（Detlev Möller）的带领下，成功地使用干冰炮弹让雾在几分钟内消散了。他们将从冰柱中喷出的20～50微米大小的颗粒，散布在雾里，短时间内，雾气会变得更浓，然后微小的水滴便会在小冰粒表面凝结，慢慢变大，最后干冰晶体成为露水降落到地面。通过凝华和冻结过程，周围的空气形成不饱和状态，其他的小雾滴就会蒸发。这种效果在几分钟内就能从雾气消散的中心地带扩散到整个雾堤上。

结语：我们知道的还太少

这本书读到这里，读者肯定觉得，它提的问题比给的答案要多得多。这种印象是对的。虽然在气候和天气主题下有无数信息、预测和模型，同样，与经济、科技和科研发展相关的信息和理论也不胜枚举，但真正缺乏的是不同学科之间的联系，这能使信息成为一门知识。

经济和天气这一主题十分复杂，人们本身只能按照瑞士再保险公司的建议，试着总结气候变化对个人来说会有什么后果。虽然一方面经济与天气间的联系有全球维度，但其影响总的来说具有普遍的地域性和特殊性。

我们这里更关心的主要还是普遍的趋势以及重大、非常迫切的问题，例如失业、经济增长和人口统计学发展。但我们忘了这些问题中的很多问题本来是早就可以预见的，但却一再得不到解决。在联系经济和天气的时候，我们不应再犯这种错误。仅仅关注气候保护、把减少二氧化碳排放当成是唯一的解决方法，是远远不够的，真正必要的解决措施要繁杂得多，自身也更具特色。

气候变化不会像海啸引发的巨浪那样向我们发动袭击，

也许它已经开始了，只是我们把它发出的信号还只当作个别现象来观察，而不是当作警告。有经验是好的，天气经验也是，原则上它能缩短我们作决定的过程，但人们也必须能够认识到，从什么时候起经验失去了它的价值，而必须被新的知识所替代。只有这门新知识才能回答我们的问题——当天气改变了的时候，对于人类而言，什么东西会随之变化呢？

我们可以试想一下，德国将会越来越温暖，这并不是指下个夏天又会打破高温纪录，也不是说下个冬天将不再下雪。夏天可能只是又长了几天，冬天可能只是多了几个温度在0℃左右的日子，少了几个气温在0℃徘徊的日子。这就会影响经济了吗？答案是肯定的，就像英国的调查结果，再微小的天气状况变化都会对经济产生巨大的影响。

我们现在假设，因为夏天更炎热了，十个德国人中就有一个会比上一年多买一件 T 恤衫，这就相当于 800 多万欧元，但可能冬天卖出的毛衣数量也会减少。虽然天气的每一点变化不会马上反映出来，但它却会随着几年时间的流逝，改变我们的天气经验，这又会影响到当时的决策，以致改变很多人的消费行为。天气会引发连锁反应，而这些连锁反应中的起因和最后影响间的关联可能会变得难以辨认。

因为夏天越来越热，越来越多的家庭可能会决定购买更大的冰箱，这一现象在当今的美国已经十分普遍。但这种冰箱并不适合德国安装了标准化嵌入式家具的厨房，因此嵌入式厨房的生产商将会迎合顾客的新需求，也许因此，人们便

会计划在新住宅里厨房的面积应该更大些。公寓的尺寸便改变了；而老公寓因为厨房面积太小就不再那么吸引人，房租也可能会因此下降。

如果德国的 3 800 万户家庭中，只有 1% 的家庭如此应对天气变暖的话，还是有 38 万户家庭将会做出改变，而在第一户家庭购买了更大的冰箱后，朋友和熟人很快便会效仿。在这一趋势背后隐藏着天气变化的影响，这一结论可能要在查阅了大量资料后才能得出。

这样因天气变暖而引发的连锁反应还有很多，人们的饮食和着装习惯一样会变化，业余活动会改变，感冒会减少，但取而代之的是新的传染病。也许高速公路上由天气原因引起的堵车会变少，人们会变得更加准时。

经济如何应对这些渐进式的变化呢？如果本书建议以常常受到质疑的跨国集团的行为方式为标准，可能很多人会觉得吃惊。因为跨国集团今天的顾客就处在各不相同的气候条件下，因此他们对天气影响消费习惯这一问题，已经具备一些经验了。

我们以食品生产公司雀巢为例，仅包装的方式和大小这一问题，天气条件就有至关重要的影响。在德国备受喜爱的家庭包装在热带地区完全没有意义，因为包装一旦打开，在湿热的气候下，很快就会腐坏，滋生害虫。在像"雀巢"这样的大集团公司里，来自不同国家的员工之间私下相互交流各自的经验，早已稀松平常了。因此，在气候变化的范围内，经济的所有领域都必须这样——因为自身缺少相关天气经验，所以应当向别人学习这种经验。

我们只能建议，在处理经济问题时，从类比中寻找、发现适合自身的新发展路线，在气候发生改变的条件下，大集团里常见的"长期处理和思考"模式也必须成为普遍经济行为的基础。如果某种天气一去不复返了，那么按照过去的天气经验建造房子也就失去了意义。人们会意识到，我们现在处于一个高度复杂的系统之中，只要一个环节发生变化，整个系统就会导向完全不同的结局，从这种意义上来说，著名的蝴蝶效应在未来对我们每个人都适用——一只在中国的蝴蝶挥动翅膀，就可能引发加勒比海上的一次飓风。气候专家们的这种认识应当成为经济新思维的开始。

附 录

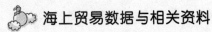
海上贸易数据与相关资料

2002 年世界上最大的货运海港是新加坡，紧随其后的是鹿特丹（荷兰）、上海（中国）和南路易斯安那（美国）；第五名为香港（中国），其后是千叶（日本）、休斯敦（美国）、名古屋（日本）和光阳（韩国）；第十位是宁波（中国），接下来是韩国的三个港口和广州（中国）；安特卫普（比利时）排名第 15 位，而汉堡（德国）位列第 24 名。

海上贸易的意义有多大，可从以下数据中看出：

2003 年，世界 95％、欧洲内陆 35％的货物交通是通过海运方式运输的。

世界海运贸易的运输量达 58.4 亿吨，其中原油的运输占 28％（16.5 亿吨）。

世界海运容量共计 8.404 亿载重吨*，其中油轮占 38％，散装货轮占 36％，集装箱货轮占 10.7％。

2003 年底，世界商船队共有 39 665 艘船，承载总量为 8.404 亿载重吨。

---

* 载重吨（deadweight tons, dwt），指的是一艘轮船的载重能力。

其中包括：

7 565 艘原油油轮，承载力共 3.178 亿载重吨；

3 036 艘集装箱货轮，承载力共 9 020 万载重吨；

16 487 艘杂货轮，承载力共 9 520 万载重吨；

6 150 艘散装货轮，承载力共 3.016 亿载重吨；

3 960 艘客轮，承载力共 590 万载重吨。

世界集装箱总量共有 1 660 万标准箱*。3 036 艘正在使用的集装箱货轮的容纳能力为 642 万标准箱。

世界集装箱货轮船队中，38.7％的货轮拥有至少 4 000 标准箱的容量，最大的货轮可放置 6 600 只 20 英尺**的集装箱，其宽近 50 米，长 350 米，属于超巴拿马型货轮（Ultra-Post-Panamax-Frachter），即无法通过巴拿马运河的闸门水位的船只。较大型的集装箱货轮公司平均集装箱运输量能达到每年 20 万～43 万只，其中最大的马士基（海陆）公司（Maersk Sealand/Safemarine）生产力能达到 920 051 标准箱。

德国港口的海运对外贸易，占德国总对外贸易量的 19.8％，占对外贸易总值的 16.6％。出口量仅占总量的 32.8％，出口值却占总值的 62.2％。

每年有约 5 700 万吨石油产品、1 200 万吨煤、2 000 万吨铁矿和 3 560 万吨农产品经海港运入德国。德国 97％的原

---

* 标准箱（Twentyfoot Equivalent Unit, TEU），全称为 20 英尺标准集装箱，指的是集装箱中转或集装箱货轮规格以 20 英尺为单位。

** 长度单位，1 英尺＝0.304 8 米。

油依靠进口，其中34％来自北海，39％来自俄罗斯，进口的原油中47％由管道运进德国，53％由海路运入。德国约有一半的原油是从拉维拉港口（马赛）、安特卫普、鹿特丹和莱茵河上的港口下船。58％的煤依靠进口，其中进口煤的33.5％经由海运进入德国。

2003年德国港口转运的货物达2.548亿吨，其中仅北海沿岸港口就占了2.029亿吨。轮船进港共计147 263次。

德国最重要的海港是汉堡，德国海运对外贸易量的56％及64％的集装箱在这里中转，汉堡的集装箱中转量达610万标准箱，排名世界第九位，不莱梅的不莱梅哈芬港口则以320万标准箱名列第17位。威廉港（Wilhelmshafen）是德国唯一的深水海港，和汉堡一样，31％的大宗货物在此中转，其中71％是原油，总体来看，26％的德国原油进口经由威廉港入境；而不莱梅则是德国最大的汽车中转港（130万辆机动车）。

往返于德国和其他国家港口的客运量2003年共计1 450万人次，其中仅汉堡至哥本哈根最短交通线上的普特加登（Puttgarden）就有640万人次。德国所有波罗的海上的港口渡轮和混合运输（Ro/Ro-Verkehr）占海运货物中转的19.5％。吕贝克（Lübeck）是德国单件货物中转量最大的港口（1 670万吨），罗斯多克（Rostock）是大宗货物中转量最大的港口（930万吨）。

德国内河航运数据与相关资料

德国内河航道长 7 346 千米，连接德国约 250 个内河港口和海港。2003 年底，德国共有 3 758 艘内河航船，其中 2 796 艘货船，962 艘客船。在约 1 200 家企业里，有 7 689 名员工从事与内河航运有关的工作，营业额为 12.6 亿欧元，比上一年减少了 1.4%。

2003 年上半年，德国内河航运需求出现小幅增长，根据联邦统计局（Statistisches Bundesamt）数据显示，下半年由于水位极低，出现了严重的损失，运输能力下降了 8.7%，降至 586 亿吨千米，运输量也减少了 5.8%，降至 2.182 亿吨。而其他运输载体却从中获益（公路货运交通减少了 1.5%，为 29.09 亿吨，铁路货运交通增长 4.0%，达 2.97 亿吨）。内河航运占总货运交通（不含短途货运交通）的比例从 13.4% 降至 12.1%。

附表 1　内河航运主要运输的货物（2003 年数据）

项目	货运量（百万吨）
石头和砂土（包含建筑材料）	42.3
石油、矿物油产品、天然气	37.4
矿石、废五金	35.2
固体矿物燃料	28.9
农林业产品、食品和嗜好品	24.7
肥料、化学产品	23.3
汽车、机器、半成品和成品	14.3
铁、钢、非金属	12.2

1970—2030 年世界能源消耗
（单位：百万吨标准煤）

附表 2[*]

年份	总量	石油	煤	天然气	核能	水力	其他可再生资源
1970	7 866	3 262	2 277	1 326	28	146	827
1980	10 416	4 320	2 724	1 853	247	206	1 066
1990	12 636	4 477	3 205	2 525	738	271	1 420
2000	14 083	5 005	3 123	3 091	955	329	1 535
2003	15 207	5 200	3 687	3 335	986	319	1 680
2010	17 413	6 152	3 946	3 860	1 111	394	1 949
2020	20 569	7 246	4 560	4 928	1 108	458	2 271
2030	23 543	8 234	5 142	5 898	1 099	521	2 658

 2004 年德国气象局年度回顾[**]

　　2004 年暴风雨和危险天气状况再度给德国带来了大量损失。像往年一样，德国气象局在 2004 年持续监测德国的天气走势，记录和总结了最为重要、最受关注的天气灾害事件。

---

[*] 来源：德国煤矿总协会（Gesamtverband des deutschen Steinkohlenbergbaus）；

　　预测：国际能源署，2004 年。

[**] 来源：2004 年 12 月 10 日德国气象局新闻稿。

2004 年 1 月

除了西北低地和北海沿岸外，几乎整个月德国都被完整的积雪层覆盖。直至月底，中部山脉的高地地区的积雪层仍持续增厚［卡拉阿斯藤（Kahler Asten）积雪 87 厘米，布罗肯峰（Brocken）积雪 230 厘米］，祖格峰（Zugspitze）月底时积雪厚度达 310 厘米。

5 日因路面积雪和结冰，特别是在北德和南德，发生多起交通事故；19 日在石勒苏益格—荷尔斯泰因州（Schleswig-Holstein）、莱茵兰—普法尔茨州（Rheinland-Pfalz）和黑森州（Hessen）的高速公路上发生多起事故，柏林特别严重；而 12，24，25，28 和 29 日整个德国车祸事故频发；25 日慕尼黑短时间中断有轨电车运行。19，28 和 29 日，几家机场的航班被迫停飞或晚点。6 日因雨夹雪天气，石勒苏益格—荷尔斯泰因州多所学校停课。13 日夜间，巴登—符腾堡州因狂风造成财物损失。因长期下雨和冰雪融化，黑森林山脚下的河流水位暴涨，多条公路封闭。14 日夜间，不莱梅哈芬一艘客轮因风暴发生倾斜事故，进水并搁浅。同日在柏林，风暴中一男子被吹飞的大伞击中身亡。31 日夜间，德国大部分地区因低压风暴而受到损失，屋顶被掀翻，树木被折断。

2004 年 2 月

至 7 日，全德原本很厚的积雪开始融化，但由于新的降

雪，从 9—11 日又被完整的积雪层覆盖。例如多瑙河南部雷根斯堡（Regensburg）的积雪厚 22 厘米，阿尔卑斯山谷如欧伯斯多夫（Oberstdorf）的积雪则达 60 厘米，低地地区最厚积雪高度为 5 厘米。

特殊事件：21 日，撒哈拉沙尘抵达南德。

1 日，由于风暴，尤其给北莱茵—威斯特法伦州带来特别严重的物质损失。从 8—12 日，多个联邦州内由于狂风暴和路面积雪、结冰而出现险情。18—19 日的强降雪，街道上因路面湿滑发生了多起事故，海拔较高地区为事故多发地区。其他事故和交通拥堵发生在 25 日的巴伐利亚州、巴登—符腾堡州和黑森州（慕尼黑机场取消 60 次航班，法兰克福机场取消 50 次航班），以及 28—29 日的北莱茵—威斯特法伦州。

2004 年 3 月

在短暂的融雪天气后，6—12 日，全国甚至低地地区又增加了几厘米的积雪，其后直至月底都是融雪天气。

6—7 日，全德由于路面积雪和结冰而引发多起交通事故，9—10 日在黑森州和莱茵兰—普法尔茨州也是如此。21 日夜间的强狂风暴造成了损失，如汉堡机场一幢未完工的新建筑的屋顶被掀翻，不莱梅附近一座 5 米高的隔音墙倒塌，不莱梅哈芬一艘货船被风吹离港，很多社区由于树木压倒电线杆而停电。25 日，巴伐利亚州反季节的强降雪导致公路和铁路无法通行，罗森海姆（Rosenheim）地区停电。

2004 年 4 月

6 日夜间，雨夹雪和雨夹冰雹导致 A45 高速公路吕登沙伊德（Lüdenscheid）附近发生多起交通事故。10 日，由于路面覆盖了好几厘米厚的冰粒，在 A96 高速公路洛伊特基希（Leutkirch）附近发生大型追尾事故（约 55 辆汽车）。30 日，带着强降雨、冰雹和狂风的强雷雨天气袭击了北莱茵—威斯特法伦州，酿成灾情。由于持续少雨，农业上则出现了旱情。

 2004 年 5 月

5 日，强降雨给施特劳斯贝格（Strausberg）造成水灾，雷电在维舍里茨县（Weißeritzkreis）造成多起火灾。陶沙乡（Tauscha）发生的暴风雨掀翻了一座屋顶且发生多起泥石流灾害。20 日，吉森（Gießen）附近的洛拉尔（Lollar）发生了一次小型龙卷风，将衣物刮到几千米以外。易北河以东地区发生了多次密集的冰雹袭击。

 2004 年 6 月

9 日，强雷雨天气在石勒苏益格—荷尔斯泰因州、麦克伦堡地区、下萨克森州和汉堡都造成了损失，例如石勒苏益格—荷尔斯泰因州的伍夫斯哈根（Wulfshagen）一座风力发电设备、汉堡的多处房屋都被雷击中失火，汉堡还有一座活

动厕所被风吹起，砸中了一辆汽车。10 日，诺德林地区（Nördling）的强降雨和风暴造成了损失。11 日，强降雨导致开姆尼茨（Chemnitz）的一座污水处理厂中的水溢出。17 日，阿尔特马克（Altmark）、麦克伦堡、勃兰登堡州（Brandenburg）和柏林暴雨普降，路德维希鲁斯特（Ludwigslust）附近一座旅馆起火燃烧，雷电还破坏了施登达尔（Stendal）的电线设备。23 日，一场风暴造成严重损失，在米歇恩（Michel）还因此形成了龙卷风，使当地 75％的房屋严重受损，另一个龙卷风将迪特马申县（Dithmarschen）的马讷（Marne）地区的多个房顶掀翻，采勒（Celle）的一棵树被吹倒压伤了约 15 个年轻人。在基姆湖（Chiemsee）一艘船倾覆，一名男子淹死。

2004 年 7 月

8 和 9 日的夜间，强暴雨袭击了德国西南部、南部和东部。雷根斯堡和卡姆县（Cham）多处屋顶被掀翻，50 部汽车受损。泥石流、碎石流［发生在萨克森州的慕格利兹谷（Müglitztal）］或树木倾倒（卡姆）影响了铁路交通。18 日，杜伊斯堡（Duisburg）的龙卷风损坏了多处房屋和汽车，这一雷雨天气使下莱茵地区（Niederrhein），例如克来沃（Kleve）多处房屋失火。20—23 间又有新的强雷雨天气形成，于 22 日上午造成柏林多处房屋火灾。图林根州（Thüringen）的艾森堡（Eisenberg）、德累斯顿、曼海姆（Mannheim）和美因茨（Mainz）都有人被雷击中。强降雨后，波恩（Bonn）陷入泥淖之中，法兰克福一座停车场里的汽车被水流淹没，美因河畔奥芬巴赫的街道也被淹没，美因茨和法兰克福的车站进水。上法兰克地区（Oberfranken）的A9高速公路必须除掉一层厚达40厘米的冰雹层。31日，一场带冰雹的强雷雨摧毁了汉堡的60座温室。冰雹最常出现在德国东部，8日［奥克斯堡（Augsburg）附近的保宾根—施塔斯堡（Bobingen-Straßberg）出现直径为4厘米的冰雹］和23日［波恩附近的柯尼斯温特—海斯特巴赫罗特（Königswinter-Heisterbacherrot）出现直径为3厘米的冰雹］的冰雹颗粒特别大。31日汉堡的冰雹大小甚至达到了"鸽子蛋"。

🐑 2004年8月

7日，泥浆冲进普法尔茨地区的戴德斯海姆（Deidesheim）的一座地下车库里，萨尔布吕克（Saarbrücken）停电。12日，狂风将达考（Dachau）的一座啤酒帐篷顶吹走，一列区间火车在福斯坦非尔德布鲁克（Fürstenfeldbruck）附近出轨，在罗森海姆一骑摩托车男子由于狂风而不幸车祸身亡。博登湖发生游艇倾覆事件，慕尼黑机场有两架飞机被暴风吹动撞到一座墙面上。18日，在奥可图鲁波（Ochtrup）和莱那（Rheine）发生雷击起火，海格（Haiger）附近一座20米高的铁制支桥架倒塌。24日，A5高速公路（卡塞尔至法兰克福段）上费恩瓦德（Fernwald）附近一名摩托车驾驶员全速前进时被雷击中——但他生还了。这个月冰雹天气很多，分布于德国各地。

 2004 年 9 月

20—21 日，年度第一场秋季风暴主要影响了沿海地区，因这些地区受到风暴潮（潮高约 150 厘米）的袭击，部分去往哈里根岛（die Halligen）的交通连接中断。汉堡和石勒苏益格—荷尔斯泰因州的火警出动了约 120 次。在迪特马申，风暴卷起了一辆满载货物的货车。23 日，斯佩萨特（Spessart）南部经过大雨后，不少地下室和街道被淹。

 2004 年 10 月

16 日晚，由于突降冰雹，A3 高速公路（雷根斯堡至帕绍段）发生多起事故。21 日夜间，黑森州西部和北莱茵—威斯特法伦州的强暴风雨吹倒树木，造成了损失。

 2004 年 11 月

10—11 日，中部山脉的山顶地区已经被雪覆盖。中部山脉海拔较低的地区和南部的平地从 10 日起连续 2～3 天以及 19—21 日有雪。祖格峰月初只有薄薄的约 15 厘米厚的积雪，到月底时却增厚至 80 厘米。

10 日，冬天第一道冷锋使德国大部分地区由于积雪和路滑陷入交通混乱之中，机场也受到影响。萨克森州 2 辆旅游大巴发生车祸。12 日早晨，莱茵河上 5 艘船由于浓雾发生相撞事故。18—19 日，低压风暴将树吹倒，屋顶掀翻，尤其是北德受到损失，汉堡易北河岸部分地区被水淹没。巴伐利亚州的 A92 高速公路靠近诺伊法恩（Neufahrn）的地区，一辆货车上的一只集装箱被风吹落。20—21 日，由于道路湿滑引起的事故造成 5 人死亡。24 日夜间，波罗的海的风暴潮淹没了几条街道。在科瑟罗/乌瑟敦岛（Koserow/Usedom）3 米高的沙丘被水冲刷掉。

 1950—1999 年全球重大自然灾害[*]
　　（损失单位：百万美元）

附表 3

时间段	数量	国民经济损失	投保损失
1950—1959 年	20	39.6	0
1960—1969 年	27	71.1	6.8
1970—1979 年	47	127.8	11.7
1980—1989 年	63	198.6	24.7
1990—1999 年	87	608.5	109.3

---

[*] 来源：慕尼黑再保险公司发展与研究部/地质学研究组（E&F/Geo），2000 年 2 月。